건축물에너지평가사 수험대비

서브 노트

서브노트 사례와 작성방법에 관한 책

편집 손석광

행복한 이야기 해피소드
HAPPISODE™

건축물에너지평가사 수험대비 **서브 노트**

초판 1쇄 인쇄 2017년 07월 13일
초판 1쇄 발행 2017년 07월 13일
지은이 손 석 광
펴낸이 손 형 국
펴낸곳 해피소드
출판등록 2013. 1. 16(제2013-000004호)
주소 153-786 서울시 금천구 가산디지털 1로 168, 우림라이온스밸리 B동 B113, 114호
홈페이지 www.book.co.kr
전화번호 (02)2026-5777
팩스 (02)2026-5747

ISBN 978-89-98773-28-1 13540

서문

자격증을 효율적으로 취득하기 위해서는 학습요령이 매우 중요합니다. 짧은 시간의 반복적인 학습이 가장 좋은 방법 중의 하나입니다. 이를 위해서는 서브노트라는 것이 가장 효과적입니다.

이 책은 건축물에너지평가사를 준비하시는 분들을 위해 소위 서브노트에 대한 안내책자입니다. 서브노트는 출제범위에 대해 한번 이상 학습한 후에, 중요한 부분이나 암기하기 어려운 부분들을 핵심만 정리해서, 반복적으로 학습할 수 있게 해 주는 학습도구입니다.

어떻게 하면 더 효율적으로 정리하고, 어떻게 하면 더 효과적으로 자주 반복할 수 있을까에 대한 예시를 보여주는 것이 이 책의 목적입니다. 제가 서브노트를 만들 때는 A-4지의 1/4 크기로 서브노트를 만들고 집게로 집어서 추가나 변경을 용이하게 해서 휴대하고 다녔지만, 이 책에서는 그 서브노트들을 여백과 함께 실어서 자기만의 서브노트로 활용이 용이하도록 편집하였습니다.

2차시험용은 2016년 국가2회 시험에 맞춘 서브노트이고, 1차시험용은 2015년 국가1회 시험에 맞춘 서브노트입니다. 법규부분은 2017년도에는 상당부분 개정되었으니까, 이 책에서 제시하는 것은 방향만 참조하시고, 개정부분은 스스로 갱신하셔야 합니다.

아무쪼록 이 책이 도움이 되어 더 많은 분들이 건축물에너지평가사의 자격을 취득하셔서, 건축물에너지평가사협회와 함께 우리나라 건축물에너지정책의 조기활성화에 기여하고, 지구환경을 살리는 데에 힘을 모을 수 있기를 기대합니다.

2017년 5월 25일

편집자 손석광

손석광 약력

서울대학교 건축학과 졸업

국내 종합건설회사 34년근무

건축시공기술사 / 건설안전기술사 / 국제기술사

LEED AP / PMP / 건축물에너지평가사

2차 시험 서브노트

건축환경
건축기계설비
건축전기설비
에너지
EPI Memo

건축환경 목차

기후변화협약-1

문) 기후변화협약 ☆☆

1. 개요

UNFCCC 기후변화에 관한 UN기본협약

UN Framework Convention on Climate Change

온실가스에 의한 지구온난화를 줄이기 위한 국제협약

2. 도입배경

- CO_2등 온실가스 과다발생 → 지구온난화 가속화
- 생태·환경적 악영향

범세계적 사회·경제적 위기 대응

3. 진행경과

- 1992 브라질 리우에서 최초협약 채택
- 1997 교토의정서 채택 2020 만료

감축목표 설정

감축수단 도입

- 2015.12 파리 당사국총회 (COP21) 「파리협정(Agreement)」 채택

2020 이후 대응

4. 감축대상 온실가스

CO_2. CH_4. NO_2. HFCs. PFCs. SF_6

이중 CO_2가 약 (77%) 차지

기후변화협약-2

5. 교토의정서에 의한 감축수단

① 공동이행제도 JI Joint Implementation

선진국간 감축실적(공동) 일부 이전인정제도

② 청정개발체제 CDM Clean Development Mechanism

선진국과 개도국간 감축실적 이전인정제도

③ 배출권거래제 ET Emission Trading

배출쿼터 거래제도 첫 기후합의

☆ 파리협정 : 195개 당사국 모두에게 구속력있는 보편적조인

6. 지구온난화지수 GWP Global Warming Potential

- CO_2 1kg대비 누출물질의 지구온난화지수
- 기후변화·기상이변·생태계교란
- 1997 교토의정서

7. 오존층파괴지수 ODP Ozon Depletion Potential

- $CFCl_3$ (3염화불화탄소) 1kg 대비 누출물질의 오존파괴지수
- 피부암·백내장) 자외선 증가
- 광합성방해·플랑크톤감소)
- 1987 몬트리올 의정서

RPS / REC / REP

문) 신재생 E 공급의무화제도 (RPS)

- 일정규모(500MW) 이상의 발전설비(신재생 E설비 제외)를 보유한 발전사업자에게
- 총발전량의 일정비율 이상을 신재생E를 이용하여 전기를 공급토록 의무화한 제도
- Renewable (Energy) Portfolio Standard

문) 신재생 E 공급인증서 REC

Renewable Energy Certificate

- 발전사업자가 신재생E설비를 이용하여 전기를 생산·공급하였음을 증명하는 인증서
- 공급의무자는 의무공급량을 신재생E 공급인증서를 구매하여 충당可

문) REP 태양광발전량 포인트

(태양광) 대여사업이 발행하는 신재생E 공급인증서

note

신재생E 공급의무비율

문) 신재생E 공급의무 비율

1. 정의
건축물에서 연간사용예측 총E량 中 일부를 신재생E 설비를 이용하여 생산한 E로 공급해야 하는 비율
2. 산식
$$\frac{\text{신재생E 생산량}}{\text{예상E 사용량}} \times 100(\%)$$
3. 신재생E 생산량
원별 설치규모 × 단위E 생산량 × 원별 보정계수
4. 예상E 사용량
연면적 × 단위E 사용량 × 용도별 보정계수 × 지역계수
- 연면적 : 주차장 제외
- 단위E사용량 : 용도별 건축물의 단위면적당 연간 사용예측 E
- 용도별 보정계수 : 용도별 E량 보정
- 지역계수 : 지역별 기상조건 고려

건축물에서의 온실가스저감

문) 건축물에서의 온실가스 저감 ☆

1. 개요
- 한국 온실가스 배출량 세계 7위
- 건물의 E소비량 : 40% (전세계)
21% (한국)
- E소비時 화석연료에 의한 온실가스 발생
특히 CO_2 발생량이 온실가스의 77% 차지
2. 정부의 건물부문 온실가스 저감대책 법+제도
① 건축물 E절약설계기준 제정·시행
② 녹색건축물 조성지원
③ 건축물 E효율등급 인증제 시행
- 등급인증時 CO_2 배출량 표기
④ 건축물 E 소비 총량제
⑤ ESCO 활성화
: 기존건축물 E소비 저감
⑥ 집단 E 사업
⑦ 신재생E 건물적용 확대

건물E 해석단위

문) 건물E 해석단위 에너지 해석단위

1. 부하 Loads
- 쾌적조건유지위해 투입 or 제거해야 하는 열량
- 설비용량 산정用
2. E 사용량
- 특정설비의 성능에 따라 상이
3. E 비용
- E사용량 × 연료단가 (지역의)
- 경제적 이익 판별가능
- 설비적 대안 / 신재생 E 설치) 의사결정에 도움

note

건축환경계산식-1

< 건축환경 계산식 >

온도차 중력환기량

$$Q = K \cdot A \sqrt{h \Delta t}$$

K : 개구부저항계수 A : 개구부면적

h : 개구부(높이)수직거리 Δt : $t_o - t_i$

풍력환기량

$$Q = \alpha \cdot A \sqrt{C_1 - C_2} \cdot V$$

α : 개구부 유량계수 A : 개구부면적

C : 유입·유출구 풍압계수 V : 유속

오염공기 환기량 × 농도차 = 발생량 환기×차 = 발생

Q = 발생량 ÷ 농도차

TDR 온도차이 비율

$$TDR = \frac{실내 - 실내표면}{실내 - 외기}$$

선형열관류율 [W/m·K]

$$\varphi = \frac{\Phi}{t_i - t_o} - \Sigma U_i l_i$$

Φ : 평가대상부위 전체를 통한 단위길이당 전열량 [W/m]

U_i : 열교와 이웃하는 일반부위 열관류율 [W/m²·K]

건축환경계산식-2

l_i : U_i의 열관류율 갖는 일반부위길이 [m]

태양광발전량

= Array출력 × 일사량비(표준대비) × 종합설계지수

= 수요전력량 × 의존율 × 설계여유계수

Array 변환효율

$$\eta = \frac{Array출력}{표준일사량 \times Array면적}$$

태양광발전소 모듈간격

$$d = L \times \frac{\sin(\alpha + \beta)}{\sin\beta}$$

L : 모듈 1개 길이

기계식환기유형

문) 기계식 환기유형 1수 2클 3화

① 1종환기 : 기계급기·기계배기 (송풍기+배풍기)

operation (장점) 환기효과 우수

실내 정압 부압 조정가능

(단점) 초기투자비↑ 유지관리비↑

(적용) 냉난방장치의 일반공조

기계·전기실 수술실

② 2종환기 : 기계급기·자연배기 (송풍기)

clean rm (장점) 실내정압

외부 오염공기의 실내유입 방지

(단점) 오염공기 실내확산 우려

(적용) 클린룸

③ 3종환기 : 자연급기·기계배기 (배풍기)

(장점) 실내 부압

오염공기가 실내로 유출되는 것 방지

(단점) 신선공기 공급의 사각지대발생 우려

(적용) 화장실·주방 등 오염장소

국부배출 요구장소

④ 복합환기 : 자연환기 + 기계환기

note

연돌효과-1

문) 연돌효과 (Stack Effect)

1. 개요
   건물 내외 온도차에 의한 밀도차로
   상하로 공기의 큰 순환이 발생하는 현상
2. 발생조건
   t_{o2}, t_{i2}, t_{o1}, t_{i1}
   $\Delta t_i > \Delta t_o$ 時 발생
3. 고층건물에서의 피해
   - 극간풍 ↑ → E소비 ↑
   - 지하오염공기의 실내유입
   - Elev 운행 불안정
   - 상층부 소음
   - 실내설정압력 유지 곤란
   - 수직방향 화재확산속도 빠름
4. 고층건물 피해최소화 대책
   - 출입구 : 방풍실
   - Elev, 현관 : 전실

연돌효과-2

- 유입구 : 방풍실, 회전문
- 외피기밀시공
- 상층부 개구부 지양

5. 중저층 건물 자연환기에 활용
   - 자연환기에 활용
   - 환기동력부하 저감
   - IAQ 개선

cf.
굴뚝효과 O chimney Effect 중저층
연돌효과 X Stack Effect 초고층

풍력환기 / 중력환기

문) 중력환기 / 풍력환기

1. 중력환기 : 온도차에 따른 환기

$$Q = K \cdot A \cdot \sqrt{h \cdot \Delta t}$$

Q 온도차에 의한 개구부 환기량
K 개구부저항계수
A 개구부면적
h 개구부간 수직거리
Δt 실내외 온도차

2. 풍력환기 : 바람에 의한 환기

$$Q = \alpha \cdot A \cdot \sqrt{(C_1 - C_2)} \cdot V$$

Q 풍압에의한 환기량
α 개구부 유량계수
A 개구부면적
C_1, C_2 : 유입 유출구 풍압계수
V : 유속

〈환기량, 침기량 측정식〉 가스추적법에 의한 환기량

$$Q\,[m^3/h] = 2.303 \times \frac{\text{실체적}\,[m^3]}{\text{경과시간}\,[h]} \times \log_{10} \frac{\text{최초농도} - \text{외기농도}}{\text{이후농도} - \text{외기농도}}$$

$$Q = 2.303 \times \frac{V}{t} \times \log \text{———}$$

note

자연환기증대방안-1

문) 자연환기증대 방안 ☆

1. 개요

자연환기란 공기의 부력, 풍력 이용한 통풍유도

→ 실내공기질 개선, 하절기 냉방부하경감

2. 환기증대방안 SVNC

연돌효과, 벤츄리효과, 나이트퍼지, 맞통풍

1) 연돌효과 (Stack effect) S

① 계획방법

- 개구부간 수직거리 ↑, 개구부크기 ↑ → 양호
- 중공층 수직공간조성

② 문제점 해소대책

- 출입구 방풍실, Elev. 前室, 전안말 前室
- 지하층, 1층출입구 방풍실 or 회전문
- 외피 기밀설계, Core 공기유입차단

2) 벤츄리효과 V

- 베르누이 정리의 활용

① 환기용 돌출지붕

- 풍향에 따라 회전, 환풍기 + 열교환기
- 바람의 힘에 의한 부압을 효과적으로 이용

자연환기증대방안-2

② Top-Light

- 환기와 채광

③ 환기용 굴뚝

- 연돌효과 + 벤츄리효과

④ 돌출지붕

3) Night Purge (Night Flushing) N

① 개념 : 낮동안 열이 축적된 구조체를 저녁시간에 환기구개방으로 열 배출. 축열체계획과 연계시 효과 ↑

② 유의사항

- 주야 일교차 큰 지역에 유리
- 큰 개구부 必요, 자동개폐장치 필요
- 장마철 결로발생 가능, 유의주의
- 중간기 (봄, 가을) 야간에 사용

4) 맞통풍 Cross Ventilation C

- 하절기 환기 및 자연냉방효과
- 실내외 온도차 1.7°C 이상시, 바스통한바람.
- 개구부는 대향배치, 유입하부 유출상부

자연환기증대방안-3

※ 통풍효과 증대방안

① 유입구 < 유입구 + 유출구
② 유입구 1개소 < 유입구 2개소
③ 맞통풍 개구부 총 동일시 : 유입구 < 유출구
④ 개구부 돌출×창 < 개구부돌출창 (2배 수 증가)
⑤ 실내외 온도차 작음 < 큼
⑥ Wind Scoop × < 있음
⑦ 중성대에서 먼 개구부

3. 환기시 E 절약방안 강구

① 동절기 실내공기질 (IAQ) 유지에 필요한 최소통풍환기.

② 동절기 고기밀성유지 상태에서 전열교환기 사용. 전열교환기는 전열효율 45% 이상 고효율, 저소음, 저전력 제품 채택.

note

환기량산출

문) 환기량 산출

1. 기본공식

① $Q = n \cdot V$

환기량 = 시간당환기횟수 × 실체적

m^3/h n/h m^3

② 열량평형

$H_s =$ $q_s = C_p \cdot \rho \cdot Q \cdot \Delta t$

공조열량 = 환기량 × 비중량 × 비열 × 온도차

$$환기량 = \frac{공조열량}{비중량 \times 비열 \times 온도차}$$

③ 오염유형별 희석개념

공기의석량 = 공기오염량 = 환기량 × 농도차

$$환기량 = \frac{공기오염량(발생량)}{농도차}$$

환기량 × 농도차 = 발생량 관련차 — 발

단열재의 종류-1

문) 단열재의 종류

1. 단열재 온도유지 + 열차단

일정한 온도를 유지하거나 열을 차단하기 위해 사용하는 재료. 건물외피. 배관. 덕트 등에 사용

2. 단열원리別 분류 저반용

① 저항형 (기포형)

· 다공질. 섬유질 — 무수한 기포로 구성

· 열전도율↓ 밀도↓

② 반사형

· 복사형태 열이동억 유효

· Aluminum Foil

③ 용량형

· Time-Lag이 긴 재료가 유리

3. 재료별 분류

① Polystyrene계 : 비드법보온판. 압출법보온판

② Polyethyrene계 : 아티론

③ Urethane계 : 경질우레탄폼

④ Glasswool계 : 유리면. 그라스울

⑤ Rockwool계 : 암면. 미네랄울

단열재의 종류-2

⑥ 광석계

⑦ Perlite계

4. 등급별 분류 (건축물에너지절약설계기준)

① 가 등급 : 0.034 W/m·K 이하

압출법보온판 특. 1. 2. 3

비드법보온판 2종 1. 2. 3. 4 (흑연) 그라파이트 첨가 회색

경질우레탄폼 보온판 1종 1. 2. 3

2종 1. 2. 3

그라스울 보온판 48. 64. 80. 96. 120K

② 나 등급 : 0.035 ~ 0.040 W/m·K

비드법 보온판 1종 1. 2. 3

미네랄울 보온판 1. 2. 3

그라스울 보온판 24. 32. 40K

③ 다 등급 : 0.041 ~ 0.046 W/m·K

비드법 보온판 1종 4

④ 라 등급 : 0.047 ~ 0.051 W/m·K

note

단열재의 종류-3

	가	나	다
압출법보온판	특호, 1, 2, 3호		
비드법보온판	2종 1.2.3.4호	1종 1.2.3호	1종 4호
경질우레탄폼	1종.2종 1.2.3호		
그라스울	48-120K	24-40K	
미네랄울		1.2.3호	

미래의 단열재

< 미래의 단열재 >

VIM Vacuum Insulation Material 주로

진공단열재 = 외피재 + 심재 외피재는 AL 박막 film

- 초기열전도율 4 mW/mK 이하의 진공상태로 채워진 "(닫힌)기공구조"를 가진 균질물질
- 공사현장에서 열전도율 손실 없이 절단시공 可 못질 손상시 국부적 열교발생 $\lambda = 0.002$ / 0.004 W/m·K

GIM Gas Insulation Material

초기열전도율 4 mW/mK 이하인 아르곤, 크립톤 및 제논 등 저전도물질로 채워진 "(닫힌)기공구조"의 균질물질

NIM Nano Insulation Material

초기 열전도율 4 mW/m·K 이하인 "열린 or 닫힌 나노기공구조"의 균질물질

진공유리 / 진공단열재

< 진공유리 >

- Vacuum Glass
- 내부압력 10^{-5} Torr 이하 → 봉착제 사용
  0.2mm (pillar 이용) 배치
- 단열성능극대화

< 진공단열재 >

- VIM Vaccum Insulation Material
- 외피재 : AL 박막 film
  심재
- 초기열전도율 4 mW/m·K (0.004 W/m·K) 이하의 진공상태로 채워진 "닫힌기공구조"의 균질물질
- 공사현장에서 열전도율 손실 없이 절단시공 可
- 못질 손상시 국부적 열교 발생

note

투명단열재

문) 투명단열재 ☆

TIM Transparent Insulation Material

1. 개요 투光 + 단열 단열재

투명 단열 — 투명성과 단열성을 가진 재료를 접목한 신소재

2. 구조

두꺼운 복층유리 구조

중간 공기층에 대류억제용 투명단열물질 삽입

3. (중간공기층 처리방식別) 종류

① 수직배열구조 공간차지 (세로형)

tube형태 or honeycomb형태

② 수평배열구조

온실(실내)(내부) 폴리카보네이트, 아크릴계수지, 유리 사용

③ 균일체구조

실리카 에어로겔 사용

내화성. 열저항성 상대적 우수

4. Aerogel 단열재 특성

- 불투명. 반투명. 투명 가능 · 유연: 시공용이
- 高価. 압축강도↑. 인장강도↓ · 사용온도↕
- 상온 열전도율 13~14 mW/m·K · 발수성

Aerogel Blanket

문) Aerogel Blanket 에어로젤 단열재 ☆

<특성>

- λ = 0.011 ~ 0.015 W/m·K
- 극저온 ~ 초고온 : 사용온도대 넓음
  보냉·보온 가능
- 유연구조 → 시공용이
- 압축강도↑
- 발수성↑
- 인체에 무해 (비결정질 실리카겔 사용)

외피의 열흐름형태

문) 외피의 열흐름 형태

전도. 대류. 복사. 관류로 대별

1. 전도(Conduction) 분자운동전파

물질을 통한 분자운동의 전파

- 고온의 분자로부터 저온의 분자로 열이 전달
- 열전도율 λ [W/m·K]

2. 대류(Convection) 매체열전달

- 매체를 통해 열이 전달

3. 복사(Radiation)

- 고온물체표면에서 저온물체표면으로 공간을 통해 열이 전달

4. 관류(열관류, Transmission)

- 외벽의 예:

고온의 유체(공기)로부터 저온 고체표면으로 열전달 벽체내부의 열전도를 거쳐 고체표면에서 저온의 유체(외기)로 열 전달

- $Q_{관류} = Q_{전달} + Q_{전도} + Q_{전달}$
- 단위 W/m²·K (kcal/m²·h·°C)

note

평균열관류율 계산법(외벽기준)-1

문) 평균열관류율 계산법 (외벽기준)

1. 정의
   세부 부위별로 K값이 다를 경우, 이를 면적으로 가중평균 (단 중심선치수 기준 계산)
2. 계산식
   $$\frac{(\text{외벽}K \times A_w + \text{창·문}K \times A_{w.d})}{\text{외벽면적} + \text{창·문면적}}$$
3. 외기 간접면한 부위
   설계서 계산치 × (0.7) (창·문은 (0.8))
4. 열손실방지 조치 예외부위, 공동주택 세대간벽
   : 별표1 의 외기직접면 K기준값 적용
5. 복합용도 건축물의 경계 (거실상부, 바닥, 벽)
   + 외기에 직접 아 간접 면하지 않을 때
   : 열관류율 (Zero) 적용
6. 평가산정 순서
   ① 직접면, 간접면, K Zero면 구분
   ② 부위별 K 산출
   ③ 적용K는 직접면은 × 1.0
      간접면은 × 0.7 (창문은 0.8)

평균열관류율 계산법(외벽기준)-2

④ 천창은 벽체에 산입
⑤ Σ 외벽면적 × 적용K / 외벽면적
   = 평균열관류율
⑥ ⑤값으로 (b) 배점 결정
⑦ (a) 기본배점 × (b) 배점 = (c) 평점

7. 기본배점

외벽	21	34	31	28
지붕	7	8	8	8
최하층바닥	5	6	6	6

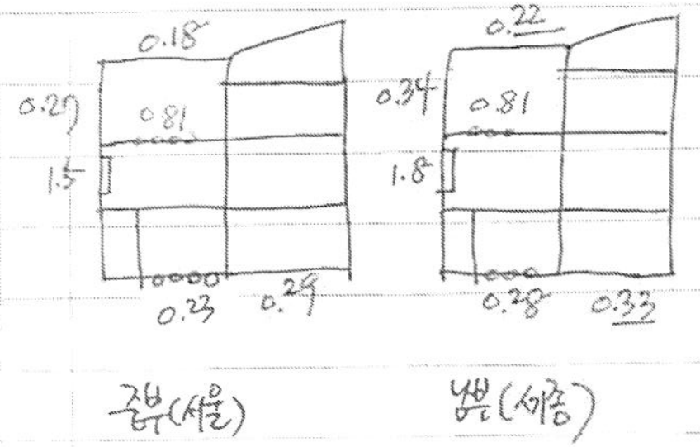

중부(서울): 0.18, 0.27, 0.81, 1.5, 0.23, 0.29

남부(세종): 0.22, 0.34, 0.81, 1.8, 0.28, 0.33

온도구배

문) 온도구배

1. 개요(정의)
   - 외피에서 내·외부 온도차는 구성재료에서 점진적인 온도변화
   - 재료균질, 온도일정하면 구성재료 각 점 온도는 일정한 상태로 유지
   - 이 온도선을 이으면 동일재료층에서는 일정한 기울기의 직선으로 나타남. 이 선을 의미 (일정기울기 직선)
2. 부재의 내외부 온도 계산법
   ① 전체 열관류량의 계산
      $Q = K \cdot A \cdot \Delta T$ (K 열관류율, ΔT 온도차 내외부)
   ② 각 부재의 열관류량은 전체열관류량과 同一
      $K \cdot \Delta T = \frac{1}{R} \times \Delta t$
      (단위면적당 계산이므로 A=1)
      $\Delta t = K \cdot \Delta T \cdot R$
      임의구간온도차 = 전체열관류량 × 부분저항

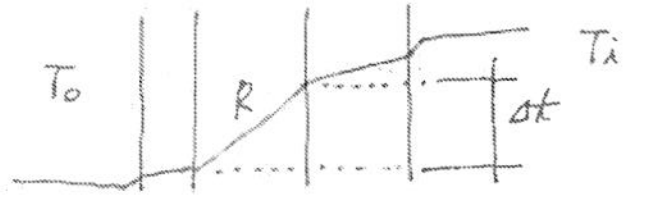

T_o, R, Δt, T_i

note

생태건축

문) 생태건축

1. 개념 共存
   생태계를 공존의 개념으로 건축하는 행위
2. 배경
   환경파괴 대응방안으로 탄생 → 인간·환경공존
3. 목표
   자연과 E의 생태적 이용 — 순환활용
   자연환경과 조화
   건강주거 생활 추구
4. 추진대상
   ① 건축재료 : 자연재료 최대활용
   ② E소비 : 자연E(태양 지열 풍력) 활용
5. 고려사항
   ① 대규모 건물 곤란
   ② 흙 목재 사용시 변형금지
   ③ 초기투자비 ↑ — 정책적 금융제도
   ④ 경제성. 쾌적성. 환경친화성 종합고려

생태건축 설계기법

문) 생태건축 설계기법

6. 설계기법
(1) 구조적 측면
   친환경재료. 재활용자재 사용
   장수명. 고단열. 고기밀. 고축열
   태양열, 지열 활용
   열적 완충공간 (아트리움 등) 활용
(2) 유지관리측면
   E측면 고효율 설계
   유지관리비 최소화 설계
   LCA (Life Cycle Assessment) 실시
   대기. 수질. 토양 오염 저감
   녹화 (벽면. 옥상)
   DCS (Distributed Control Sys) 분산제어S.

[LCA]
원료 및 E소비, 오염물질과 폐기물 발생 등
생산·유통·폐기 全과정에 걸쳐 환경에 미치는
영향을 분석하는 것

지중열 Passive 이용법

문) 지중열 passive 이용법

1. 지중열 이용원리
   5m 이하 지중 연중온도변화 작고
   연평균기온에 수렴
   ⇒ 지중이용 외기의 예열·예냉
2. Passive 기법
   ① Cool Pit (Cool Heat Trench)
   외기도입 지하 pit공간 활용
   ② Cool Tube
   지중에 plastic or metal 관 매립후
   외기를 관을 통해 유입
   별도 土工事. 풍량 小
   결로처리 및 청결유지대책 필요
   ③ Thermal Labyrinth
   지중 구조체 일부를 미로형태의
   외기도입통로로 형성
   별도토공사X. 풍량大
   결로처리 및 청결유지대책 필요

note

ZEB(Zero Energy Building)-1

문) ZEB (Zero Energy Building)

1. 개요(정의)
   건축물 E효율극대화 + 신재생E생산 이용
   → 외부유입E zero
   → E자립형 건축물
2. 구현전략
   ① E요구량최소화 부하저감기술
   ② E소요량 최소화 시스템효율향상
   ③ E소요량 생산 신재생E이용
3. 단계별 핵심기술
   ① 부하저감 기술
   고기밀 고단열 고효율창호 + 외단열
   자연통풍 자연채광
   겨울 일사획득 여름일사차단
   최적방위 최적형태 건물녹화
   ② 시스템효율 향상
   고효율 설비 폐열회수
   고효율 조명기기
   ③ 신재생E이용

ZEB(Zero Energy Building)-2

태양열 태양광
풍력
지열

4. 단계별 E절감율
   ① 건물기본설계 : (60%) 절감
   대지 배치 방위
   공간 형태
   외피 기밀
   ② 자연E 적극이용 : passive system : (20%) 절감
   축열벽, 부착온실
   Night Purge
   광선반, 고창
   ③ 효율적 설비 : (8%) 절감
   고효율설비 고효율조명
   ④ 나머지 12%는 신재생 → Zero E실현

cf. ZEB 지원센터 지정
한국E공단, 건기연

E 절약형건물 구현전략

문) E절약형 건축물 구현전략

1. 단계별 구현전략
   ① E요구량 최소화 부하저감기술
   ② E소요량최소화 시스템효율향상
   ③ E소요량 생산 신재생E이용
2. 단계별 핵심기술=Zero E 빌딩 기술
   ① 부하저감기술
   고단열. 고기밀. 고효율창호
   자연통풍. 자연채광
   겨울 일사획득 · 여름 일사차단
   최적방위. 최적형태 · 건물녹화
   ② 시스템효율향상
   고효율 설비. 고효율조명기기
   ③ 신재생E 이용
   태양열. 태양광. 풍력. 지열

note

건물E절약 환경조절방법, 단계별 접근법

문) 건물E절약 환경조절방법, 단계별 접근법

1. E절약 건축환경조절
   ① 자연적조절 (passive)
      기계장치 없이 건축설계 수법 사용
      남면경사지. 남향. 단열축열. 일사차폐.
      자연통풍. 자연채광
   ② 설비적 조절 (Active)
      기계장치 이용
      공조. 난방. 조명. 기계환기. 국부배기
   ③ ①+② 상호보완 자연요소 설비 보조수단
2. 단계별 접근법
   ① 건물기본설계 건물E 60% 절감
      대지. 배치. 조경. 형태. 방위. 외피. 기밀
   ② 자연E 적극이용 passive System 적용 20%
      축열벽. 부착온실. 나이트퍼지 일광반사. 고창
   ③ 효율적 설비 8%
      고효율설비. 고효율조명
   ⇨ 이후 나머지 12%는 신재생 ⇒ Zero E.

건물기밀성능 표현방법

문) 건물 기밀성능 표현방법

① CMH50
   50Pa 압력차 時 공기량 [m^3/h]
   9m/s 바람 時의 압력 = 50Pa
② ACH50
   CMH50 ÷ 실체적(m^3) [회/h]
   Air change per Hour
③ Air Permeability 공기누기율
   CMH50 ÷ 외피면적(m^2) [$m^3/h \cdot m^2$]
   창. 문의 기밀성능 통기량 단위
④ ELA or EqLA
   - 설정된 압력차 時 누기량이 발생할 수 있는 「구멍의 크기」 [cm^2/m^2]
   - ELA는 4Pa, EqLA는 10Pa) 압력차. (일반적)

침기율

문) 침기율

- 건물Zone의 기밀성능 표시
- 존과 외부의 50Pa 압력차에서 n50
  창틈. 문틈. 벽체관통 통한 환기횟수 회/h ACH
- 건물 완공후
  Blower-Door-Test의 측정데이터
- 완공이전의 예상침기율 유지 위해
  시공후도 주의要

passive House 기밀성능기준
   n50 조건에서 0.6ACH 이하

note

Passive House 인증성능기준

문) Passive House 인증성능 기준

① 난방E 요구량

(15) kWh/m²·年 이하

최대난방부하 (10) W/m² 이하

② 냉방E 요구량

15 kWh/m²·年 이하 (난방=냉방)

③ 기밀 성능테스트 blower test 時

(n50) 조건에서 (0.6) ACH = 0.6회/h

(50pascal 압력차 조건)

④ 1차E 소요량 급·냉·난 전열 조명 〈취사는 제외〉

(120) kWh/m²·年 주거용 120 이면서 1⁺ 등급

⑤ 전열교환기 효율

(75)% 이상

cf. 열교의 열관류율 0.01 W/m·K 이하

실내공기 환경성능기준

문) 실내공기 환경성능 기준

근거 : 건축법 모두 이하

TSP 부유분진	(0.15) mg/m²
CO 일산화탄소	10 ppm
CO_2 이산화탄소	1.000 ppm
RH 상대습도	40% 이상 70% 이하
기류	0.5m/sec

TSP Total Suspended particle

1 ppm = 10^{-6}

1% = 10.000 ppm

part per million

Time Lag와 진폭감쇄율

문) Time-Lag 와 진폭감쇄율

Time-Lag

(+)

Energy

(-)

진폭감쇄율

주간 | 야간 | 주간

· Time-Lag

열용량 Zero 벽체와 대비한 열류피크 지연시간

· 진폭감쇄율

Decrement Factor

온도변화에 따른 진폭감쇄 정도

열 Energy 확산지표

cf. TDR 온도차이 비율

Temperature Difference Ratio

$$TDR = \frac{t_i - t_d}{t_i - t_o} = \frac{\text{실내} - \text{실내표면}}{\text{실내} - \text{외기}}$$

「결로방지성능」을 평가하기 위한 지표 (단위 : 없음)

note

건물생체기후도 BBC

문) 건물생체기후도 ☆☆ BBC

- Building Bioclimatic Chart
- 인체가 느끼는 생체기후적 요구에 의거, 특정기후조건에서 필요한 건축설계기술들을 습공기선도 上에 표시한 것
- 자연형조절, 설비형조절을 포함한 환경설계기법을 습공기선도에 표시

<BBC의 활용>

- 계절별 요구 조절부하를 알수있다.
- 부하 대응방안 모색 가능
  Passive or Active or 신재생 E
- 부하요인과 재실자의 열쾌적 동시고려
- 많은 전문지식 없어도 기후대응 설계법 가능

자연통풍, 가습설비, 라디에이터, 자연난태양열 S, 공조설비, 설비적히S 난방설비, 증발냉각, 축열체자연냉각, 축가+야간통풍

공동주택결로방지를 위한 설계기준-1

문) 공동주택 결로방지를 위한 설계기준

1. 목적
   공동주택 결로방지를 위한 성능기준
   → 결로저감. 쾌적 주거환경 확보
2. TDR 온도차이비율
   Temperature Difference Ratio
   - 결로방지성능 평가지표 : 0~1
   - 공식 $TDR = \frac{t_i - t_s}{t_i - t_o}$ t_s : 실내표면온도
   - 지역별, 부위별 기준값 지정
   - 부위 : 출입문, 벽체접합부, (외기직접)창
   - 기준치보다 낮게 설계

   3cm, 2cm
3. 적용범위
   주택법 사업계획승인 500세대 이상 공동주택

공동주택결로방지를 위한 설계기준-2

4. TDR 낮은순서 (강화된순서)
   유리중앙 < 유리모서리 출입문틀 < 벽체 접합부 < 창틀 창짝 < 출입문짝
   지역Ⅱ 0.18 < 0.24 < 0.25 < 0.28 < 0.33
5. 지역구분
   지역Ⅰ -20℃ 강화 동두천 이천 춘천 홍천
   지역Ⅱ -15℃ 서울 인천 대전 경기 강원 충청 경북 전북
   지역Ⅲ -10℃ 부산 대구 광주 …
   1月평균 일 최저외기온도
6. 실내온습도 기준
   실내: 25℃ RH 50%
   실외: 지역별, -20℃. -15℃. -10℃

note

결로-1

문) 결로

1. 개요

구조체의 표면온도가 주위공기의 노점온도보다 낮아 표면에 이슬이 맺히는 현상

2. 종류

표면결로 : 구조체 표면에 결로

내부결로 : 〃 내부 〃

"구조체 온도구배 < 노점온도구배" 에서 발생

구조체 온도구배

내부결로 발생구간

노점온도구배

3. 발생원인

① 실내외 온도차

② 실내수증기 과다발생

③ 환기부족

④ 열교부위

⑤ 단열시공부실

⑥ 구조체 미건조상태에서 마감

결로-2

4. 대책

① 단열철저. 외단열이 유리

② 난방 → 내부표면온도 > 노점온도

간헐난방보다 연속난방이 유리

③ 환기

④ 방습층 설치 : 내단열시 단열재의 고온측

⑤ 우각부 추가단열

열교-1

문) 열교 (Thermal Bridge, Heat Bridge)

1. 개요

건축물 외피에 단열 불연속부분 있을 때, 열적취약부위가 되어 열이동 증가하는 부위

열교 or 냉교(Cold Bridge)

2. 종류 : 선형, 점형

① 선형열교

3개의 직교축 中 하나의 축에 연속적으로 동일단면에서 발생하는 열교

② 점형열교

국소부분에 집중된 열교. 3차원 열류해석 필요

예 : 외부석재 panel 긴결用 Anchor

3. 선형열관류율 [W/m·K] φ PSI

정상상태에서 선형열교부위를 통한 전열량

단위길이당, 실내외 온도차 당

$$\varphi = \frac{\phi}{t_i - t_o} - \Sigma U_i l_i$$

ϕ : 평가대상부위 전체를 통한 단위길이당 전열량 [W/m]

note

열교-2

t_i 실내온도

t_o 외기온도 [W/m²·K]

U_i 열교와 이웃하는 일반부위의 열관류율

l_i U_i의 열관류율을 갖는 일반부위 길이[m]

4. 대책

① 외단열, 단열재 연속시공

② 내단열시 단열선 연장 → 열전달경로를 길게

③ 열교의 열관류율은 Passive House에서는 0.01 이하로 규정

창호 열관류율

$$U_w = \frac{\Sigma A_g \cdot U_g + \Sigma A_f \cdot U_f + \Sigma l_g \cdot \varphi_g}{\Sigma A_g + \Sigma A_f}$$

($\Sigma l_g \cdot \varphi_g$: 선형열관류량)

φ_g : 선형열관류율

차양돌출길이 산정

문) 차양 돌출길이 산정

(춘추분) 위도, 위도, 창높이(H), 태양고도(h), L 차양길이

$$\tan(\text{위도}) = \frac{L}{H}$$

$L = H \times \tan(\text{위도})$

하지 $L = H \times \tan(\text{위도} - 23.5)$

동지 $L = H \times \tan(\text{위도} + 23.5)$

※ 남면 수평고정차양길이는 춘추분 때 태양남중고도를 기준으로 산정

태양고도 $h = 90° - \text{위도} + \text{적위}(\pm 23.5°)$

하지 +23.5°

동지 −23.5°

중공층열저항

문) 중공층 열저항

	기준치	기준이하	기준초과
공장	2cm	0.086 t	0.17
현장	1cm		0.086

※ 중공층 내부 반사형 단열재 설치 시
- 방사율 0.5이하 : × 1.5배
- 방사율 0.1이하 : × 2.0배

※ 공장 : 공장생산된 기밀제품
현장 : 현장시공 등

문) 표면열전달저항 $\frac{1}{\alpha}$

외부 : 0.043 (V. or H.)

내부 : 벽 0.11 , 바닥·천장 0.086

(간접 외벽도 내벽으로 간주)

(간접 바닥은 0.15)

note

건축물 일사조절계획-1

문) 건축물 일사조절계획 ☆ 방현차

일사열 취득은 시간.계절.방위 別 상이

→ 연중 실내쾌적조건 만족시키는

열취득이 가능하도록 계획

1. (방위)계획
   - 난방中 일사取得↑, 냉방중 일사取得↓
   - 한국 : 동서로 긴 남향배치
     주축방위 없을 때 : 외피 차양 고려
   - 방위결정시 바람영향 고려
2. (형태)계획
   - L.W.H 비율조정
   - S/V. S/F ↓ A/P↑ Area/Perimeter
   - 동서축 1:1.5
     내부발생열 많은 사무용건물 1:1 이하도 유리
3. 일사(차폐)계획 식재 차양 색상 유리
   식재, 차폐
   ① 식재
   ② 외부차양
      수평차양 : 남쪽창
      수직차양 : 동 서쪽창

건축물 일사조절계획-2

수직.수평 복합 차양이 효과적

③ 밝은색, 외피마감

Albedo 높은 재개 사용時

외피부하감소

④ 유리이용 일사차단

일사투과율 투명유리 90%

열선흡수유리 80%

반사유리 50%

Low-E유리 : 가시광선 투과는 투명유리와 유사

적외선영역의 장파 복사열 차단

⇒ 일사차단 · 자연채광조절에 효과적

일사량관련용어

문) 일사량 관련 용어

1. 직달일사 26%
   - 태양의 복사선이 대기를 투과하여 지상도달한 것
   - 대기中 산란 없이 지표면 도달하는 태양복사
2. 천공일사 (확산일사) 25%
   - 태양의 복사선이 대기中 산란되어 지상도달한 것
   - 대기中 먼지등 입자가 산란되어 도달하는 일사

   cf. 全일사량 (51%)

   = 직달일사량(26%) + 천공일사량 (25%)
3. 반사일사

   직달일사, 천공일사가 지면에서 반사되어 받는 일사
4. 기표일사

   맑은날 : 직달 + 천공 + 반사

   흐린날 : 천공 + 반사
5. 태양상수

   대기권 밖에서 단위면적.단위시간 當의

   태양복사 E량 1.946 cal/cm²·min
6. 대기투과율 / 대기 투명도

note

건축물 향별일사량(직달일사량)

문) 건축물 向別 일사량 (직달일사량)

① 겨울철에는 남향면의 직달일사량이 많다
남향면은 여름철 일사량은 적다
② 동서면은 여름철 일사량이 많고
겨울철에는 적다
③ 북향면의 겨울철 일사량은 극히 적다
④ 수평면은 여름철 일사량이 매우 많다.

Passive 냉방전략

문) Passive 냉방전략

① 남향배치
② 식생활용 그늘확보
③ 차양
④ 외피색상은 밝게
⑤ 외피단열
⑥ 자연채광활용 → 조명발생열 감소
⑦ 내부발생열 조절

Night Purge

문) Night Purge
① 중간기, 하절기에
야간에 자연외기를 도입하여 실내환기
② 주간에 데워진 건물구조체온도를 낮추는
Passive 기술
③ 여름철 냉방부하 저감
but 효과적 운영 위해서 기후상황 고려 要
④ 송풍기 가동 필요
→ 냉방부하저감분 vs 송풍기가동E 비교

note

이중외피시스템-1

문) 이중외피 시스템

1. 개요

Double Skin, Double Envelope

남측면에 유리로 된 이중외피 설치

→ 여름 : 태양열 건물내부 직접유입 방지

겨울 : 건물내 난방에 태양열 활용

⇒ Energy 절약형 시스템

2. 종류 B다복

Box ① Box型

、창호부분만 이중외피

、층별, 실별 설치가능

다층 ② 다층型 (Curtain Wall 型)

、급기는 최하층, 배기구는 최상층

、층간 소음, 냄새전이, 화재확산 위험

복도 ③ 복도型 (층별 System)

、각층상부와 하부에 배기구, 급기구 설치

、각 층별 급배기 가능

、②의 단점보완

、上下층 급배기 근접위치 지양

이중외피시스템-2

3. 구성요소

outer skin / inner skin

외측외피 Outer Skin

중공층 Cavity

내측외피 Inner Skin

차양장치 Shading Device

개구부 Aperture

4. 계절별 특성

<냉방시>

、중공층 환기 : 축열로인한 냉방부하 방지

축열제거목적 야간은 밀폐

、중공층 전동 Blind설치 : 구조체의 일사축열의 실내유입차단

、Night Purge 및 외기냉방

<난방시>

、중공층 밀폐

、부분냉방시 — 중공층 공기환기

、중공층의 공기는 Heat Pump 열원으로 활용

외피 SHGC저감방안

문) 외피 SHGC 저감 방안 ☆☆

방향 : 가시광선투과율 수 유지하면서 SHGC 저감

① Low-E 코팅유리 적용

- #2면에 코팅

- double or triple coating

② 차양장치 : 외부차양이 우수

- 내부 : 커튼, Roll Screen, V. Blind

- Between : Between Blind

Between Roll Screen

- 외부 : 수평/수직/격자형

Awning

Shutter .

EVB (Ext. Venetian Blind)

③ 차열 Film

근적외선 차폐성능 우수한 차열필름 사용

note

창면적비를 고려한 E절감방안-1

문) 창면적비를 고려한 E절감방안

1. 개요

창은 외피中 열관류손실이 가장 큰 부位
벽체 열관류율의 7배이상
→ 건축계획적 대응은 E절감에 큰 효과.

2. 창면적비

$$\frac{\text{창면적}}{(\text{외벽면적} + \text{창면적})} \times 100(\%)$$

창틀은 창면적에 포함
창면적비 증가時 연간 냉난방부하 증가
창으로 인한 夏 냉방부하증가 > 冬 난방부하감소

3. 방위별 창계획 순위 (E절감기준)

동서남향 : 창면적비 > 유리 SHGC > 전열제어 > 차양
북향 : 유리 SHGC > 창면적비 > 전열제어

4. 건축계획 방안

① 창면적비 최소화 40% 이하
② 북측 창면적 최소화
③ 공동주택, 거실창 넓게 개인공간 작은창
④ 남서창은 창면적 80% 외부차양설치

창면적비를 고려한 E절감방안-2

남향창은 수평차양
동서창은 수직차양이 유리
⑤ 창유리는 Low-E이중 or 삼중유리 사용
⑥ 난방중심時 ③면코팅 로이유리 주거
냉방 〃 ②면코팅 로이유리 사용 업무

외부 | | | | 실내
①②③④

cf. EPI
창면적비 50% 미만의 경우
외단열 배점 가능 대상.

차양장치 vs 일사조절장치 / EVB

문) 차양장치 vs 일사조절장치

차양장치 : 태양열 실내유입 저감 Sun shade
일사조절장치 : 태양열 실내유입 조절, Blind

< 차양장치 종류 >
설치위치별 : 외부 / 내부 / 유리간사이
가동유무별 : 고정식, 가변식

< EVB > External Venetian Blind
· 외부가동차양
· 원하지 않는 일사유입의 차단이 효과적
· 일사유입으로 냉방부하 상승 우려시
모든 창호에 EVB 설치하면
일사유입을 효과적으로 차단

note

창호의 구성요소

문) 창호의 구성요소

1. Frame
   - 단열 Frame 구조
   - 단열 압출 Bar
   - Gasket
   - Hardware
2. 창유리 : Glazing
   - 유리
   - 충진가스
   - 간봉 (Spacer)
   - 흡습제
   - 부틸
   - 실란트

유리, 충진가스, 간봉, 흡습제, 부틸, 실란트

커튼월 열성능강화방안

문) 커튼월 열성능 강화 방안
(주로 유리 커튼월 대상)

1. Frame
   - Profile 제작시 Thermal Breaker 적용
   - Thermal Breaker 재료
     : 폴리아미드, 폴리써미드, Azon
2. Glass
   - Layer 수 증대 (복층이상)
   - 복층시 단열간봉 적용
   - Low-E유리 사용
     (냉방시 2면코팅, 난방시 3면코팅)
   - 복층유리 내부에 Ar. Kr 등 비활성기체 충진

단열간봉

문) 단열간봉

1. 개요
   일반 간봉의 열성능을 개선하기 위해 간봉사이에 열차단성능이 좋은 소재를 삽입
2. 개념도

   흡습제, 단열

   일반간봉 (Al. Spacer) / 단열간봉 (Warm Edge Spacer)
3. 특성
   - PSI (선형 열관류율)
     : 0.051~0.034 [W/mK]
   - 창유리 Edge부위 단열성 강화 (60mm까지)
     → 전체 열관류율 0.1 감소가능
     → 유리 표면결로 예방

note

복층유리창문 열성능향상방안

문) 복층유리 창문 열성능향상 방안

1. 유리성능향상
   - Low-E적용 / Ar충진 / 단열간봉 / 흡습제 (건조제로 건조유지) / 부틸코일시공
   - ① Low-E유리 적용
   - ② Ar 등 비활성기체 충진
   - ③ 단열간봉
   - ④ 중공층 폭 조정 (간봉이용)
   - ⑤ 부틸 : 코일시공 (5~6mm 폭)
     → 중공층기밀확보
   - ⑥ 복층유리 內 건조유지 : 흡습재 밀실충진
2. Frame 단열성능 향상
   - ① chamber內 자연대류방지 위한 크기설계
   - ② 다중 chamber 단열 bar
   - ③ 이중 이형 압출 gasket "이중이형압출tt"
   - ④ Frame Depth 조절
   - ⑤ 외부단열 추가
   - ⑥ 브레이크 등을 이용한 크기별 칸막 설치

창호설계(부하대응)

문) 창호설계 (부하대응)

1. 개요
   - 창호는 건물E손실의 주범
   - 주거용 건축물 : 난방부하↑ – 일사획득관점
   - 업무용 건축물 : 냉방부하↑ – 일사차단 "
2. 공통기술
   - ① Low-E 복층창
   - ② Ar 등 비활성기체 충진
   - ③ 고단열 Frame
3. 주거用 기술
   - ① Low-E 코팅 #3면
   - ② 단열간봉
   - ③ 기밀향상 창호부 시공기술
4. 업무用 기술
   - ① Low-E 코팅 #2면
   - ② double or triple Low-E 코팅유리
   - ③ 외부 가동식 차양 : SHGC↓
   - ④ 개구율 높은 창호 : 자연환기(통풍)

Low-E 유리-1

문) Low-E유리 ☆

1. 개요
   - 유리표면에 금속 or 금속산화물 얇게 코팅
   - → 열의 이동을 최소화
   - : E절약형유리
   - = "저방사유리"
2. 특성 (E절감유리)
   - ① 장파장 복사열 반사
     : K값향상. 겨울철 열손실 감소
   - ② 내부 유리면온도 ↑
     : 겨울 열적쾌적성↑, 표면결로 방지
   - ③ 가시광선 투과율 高
     : 조명부하 절감
     태양열취득율↓
   - ④ 태양광 선택적 투과 Spectral Selectivity
     : 건물용도, E사용패턴 대응可
3. 종류
   - ① 하드코팅
     - 화학적 안정. 내외부코팅可

note

Low-E 유리-2

· 단열성능 취약

② 소프트 코팅

· 열적성능 상대적 우수

· 내부 중공층 인접면만 코팅 可

4. Low-E 코팅 위치

외부 ① ② ③ ④ 내부

에) 2면 코팅 : 냉방 用

3면 코팅 : 난방 用

5. Low-E 복층유리 열전달 특성

Coating

34% Total Solar Transmittance

Reflectance

24% Direct Transmittance

10% inward Radiation

66% Total Rejected

57% Outward Radiating & Convection

스마트 유리-1

문) 스마트유리 Smart Glass (Glazing)

1. 개요

전압, 빛 or 열이 가해질 경우

유리의 빛투과율이 변화는 유리

2. 명칭

Smart Glass (Glazing)

Switchable Glass 가변유리

3. 종류

Thermo - chromic

Electro - chromic

photo - chromic

Suspended Particle

Micro-blind & Polymer dispersed liquid crystal device

4. 적용시의 장점

① 냉난방, 조명비용 절감

② 전동스크린, 블라인드 커튼 不要

③ 자외선 차단

→ 기후에 적응하는 건물외피

스마트 유리-2

5. 선정시 고려사항

① 전환속도

② 디밍가능성

③ 투명도

④ 재료비, 설치비, 전기비용

⑤ 내구성

note

유리종류-1

문) 유리종류

<강화유리>

· Tempered Glass
· 안전유리의 일종
· 판유리 열처리(650℃)후 급냉강하
· 표면이 압축력, 내부에 인장력 발생하여 4~5배 강도증가
· 용도 : 건물출입구 자동차 Escalator난간

<반강화유리>

· 배강도유리 Strengthened Glass
· 연화점이하의 온도(620℃) 가열후 찬공기를 약하게 불어 냉각
· 용도 : 변형을 원하지 않는 건축用 유리

< Spandrel 유리 >

· 특수도료로 코팅한 장식유리
· 커튼월의 층간부위에 사용
· 내구성↑ : 변색 or 부식
· 내열성↑

유리종류-2

☆ <열선 반사유리>

· Solar Reflective Glass
· 태양열차폐를 주목적으로, 유리표면에 얇은 반사막 입힌 판유리
· 색상 : 다양 고급 → 건물 세련미 ↑

☆ <진공유리> cf. 진공단열재 VIM

· Vacuum Glass Vacuum Glass
· 2장유리사이 pillar이용 0.2mm 간격유지 내부 압력 10^{-5} Torr 이하 유
· 봉지재로 마감
· 단열성능 극대화

<판유리>

판유리 ① 소다석회규산염 유리의 연속성형공정으로 제조 (연속성)
② ①표면 파장선택반사의 광학박막 가공 → Low-E coating
③ ①아 ②의 접합유리 강화유리 배강도유리
④ ①~③의 복층유리
상기 ①.②.③.④ 모두 판유리

유리성능 영향인자

문) 유리성능 영향인자 ☆

① 유리 두께
② 복층화 여부
③ Coating 유무
④ 〃 면 위치
⑤ 가스충진(Ar. Kr) 및 충전율
⑥ Spacer 간격
⑦ Spacer 종류 (단열간봉)
⑧ 가공응력
⑨ Thermal Stress 열응력

note

창호성능요소

문) 창호성능 요소

K . SHGC . VLT . Air Tightness

① 열관류율 K

$W/m^2 \cdot K$ ↓ 好

K_{window} = 6~7 K_{wall} : 창면적비 줄여야

② 일사획득계수 SHGC

無단위 0~1

사무실 ↓ 好 . 주거 ↑ 好 (특히 南창)

③ 가시광선투과율 VT, VLT

無차원 0~1

380~760nm 가시광선투과 비율

채광차원에서 ↑ 好 . DayLight 구광

④ 기밀성능 Air Tightness

통기량 m^3/m^2h

LSG / VLT, VT / 침기량

문) LSG ☆

Light to Solar Gain Coolness Index

$= \frac{VT}{SHGC} = \frac{가시광선 투과율}{일사획득계수}$

LSG ↑ . 사무용건물에 好

: 자연채광유입 극대화 + 일사획득 최소화) 우수성능 유리

VLT , VT 가시광선투과율

Visual Transmittance

침기량 . 통기량

- 의도되지 않은 경로를 통하여 실내공간에 유출입되는 공기량

투과율 100%

보통유리 적=열

color

Low-E

0 자 380 가시 760 적 반사 파장

SHGC, G-Value / 차폐계수

문) SHGC , G-Value

. Solar Heat Gain Coefficient

. 태양열 취득률

. 일사획득계수

$SHGC = \frac{실내로 유입된 태양열취득}{입사된 태양열}$

유입태양열 직접투과 E + 재유입 E

= 직접투과된 태양에너지

+ 창호에 흡수되었다가 대류, 적외선 장파복사 등의 형태로 실내에 재 유입되는 태양에너지

cf. 차폐계수 (SC)

3mm 투명보통유리의 SHGC에 대한 실제사용유리의 SHGC 비율

$= \frac{실제사용유리의 SHGC}{0.86}$

ie, SHGC = SC × 0.86

note

기계설비 목차

설비관련 용어설명-1

설비관련 용어설명

[유효율]

냉(난)방기간 동안 or 연간총시간에 대한

온도출현분포 中

가장 높은(낮은) 온도쪽으로부터 비율

총시간의 일정비율이 해당하는 온도를 제외시키는

[효율]

출력, 유효E / 설비기기 입력E

[열원설비]

E를 이용하여 열을 발생시키는 설비

[대수분할운전]

기기를 여러대 설치하여

부하상태에 따라 최적운전상태 유지할수 있도록

기기를 조합하여 운전하는 방식

[비례제어운전]

기기의 출력값과 목표값의 편차에 비례해서

입력량을 조절하여

최적운전상태를 유지할 수 있도록 운전하는 방식

설비관련 용어설명-2

[심야전기를 이용한 축열 축냉시스템]

심야시간에 전기를 이용하여 열을 저장하였다가

이를 난방, 온수, 냉방 등의 용도로 이용하는 설비.

한전에서 심야전력기기로 인정한 것

[폐열회수형 환기장치] 정격전압 600V이하. 정격풍량 3000 N㎥/h이하

난방열회수 % 난방 or 냉방을 하는 장소의 환기장치로

냉방열회수% 이용하는 실내공기 배출시 급기공기와 열교환하는 구조를 가진것.

고효율인증제품 or 동등이상 성능 가진 것

[이코노마이저 시스템] Night purge는 중간기 냉방이 아닌

중간기 or 동계에 발생하는 냉방부하를

실내 엔탈피 보다 낮은 도입외기에 의해

제거 or 감소시키는 시스템

[중앙집중식 냉난방설비]

건축물의 전부 or 냉난방면적의 60% 이상을

냉방 or 난방함에 있어

해당공간에 순환pump, 중앙난방설비를 이용하여

열원 등을 공급하는 설비.

단, 산자부 고시「효율관리기자재 운용규정」에서 정한

가정용 Gas Boiler는 개별난방설비로 간주

열역학법칙

문) 열역학 법칙

1. 열역학 제0의 법칙

열평형의 법칙

온도흐름 : 높은곳 → 낮은곳

열평형상태 열이동 X

2. 열역학 제1의 법칙

E 보존의 법칙

일 ⇌ 열

E : 생성X. 소멸X. 형태변화O

제1종영구기관 제작 不可

(외부 E공급없이 영구히 운동계속하는 장치)

3. 열역학 제2의 법칙

E 방향성 법칙

열 →(100%) 일 不可 : 열효율100% 열기관 없다

열이동 저온부→고온부 w/o 외부일, 열E : 不可

제2종 영구기관 제작 不可 열효율100% 열기관

4. 열역학 제3의 법칙

한 系 내에서 물체상태변화 없이 0[K] 도달不可

0[K]에서 모든 완전한 결정물질의 절대엔트로피 : 0

note

설비공식1-1

< 설비공식 > -1

배관의 저항

- 직관마찰저항

$\Delta P_f = \lambda \frac{l}{d} \frac{v^2}{2} \rho$ [Pa]

$= \lambda \frac{l}{d} \frac{v^2}{2g}$ [m]

$P = \rho \cdot g \cdot h$

[Pa] = $\rho \cdot g \cdot$ [m] $\rho \cdot g \times$ 수두 = Pa

- 국부저항

$\Delta P_r = \zeta \frac{v^2}{2} \rho$ [Pa] (ρ: 1.2 [kg/m³], v: [m/s])

- pump 순양정

실양정 + pipe Loss + 기기 및 기타저항

- 유량산정식

$q_s = c \cdot \rho \cdot Q \cdot \Delta t$

현열 = 비열 · 밀도 · 유량 · 온도차

설비공식1-2

pump의 축동력

$L_s = \frac{g \cdot Q \cdot H \text{ (수동력)}}{\eta}$ [kW]

g : 9.8 m/s²

Q : m³/s

H : m (양정) kPa ÷ 9.8 = m

1 mAq = 9.8 kPa

유량선도

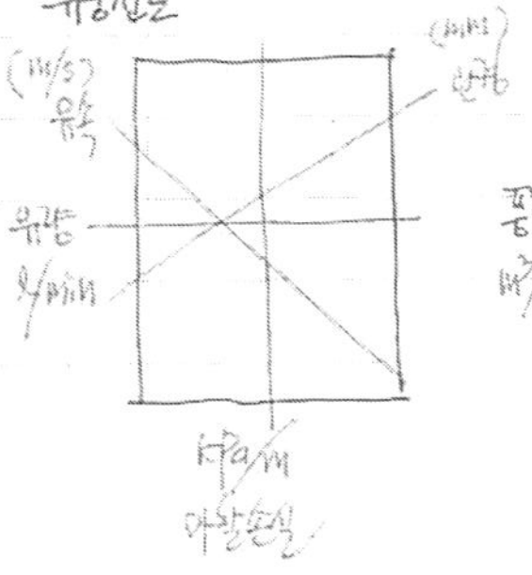

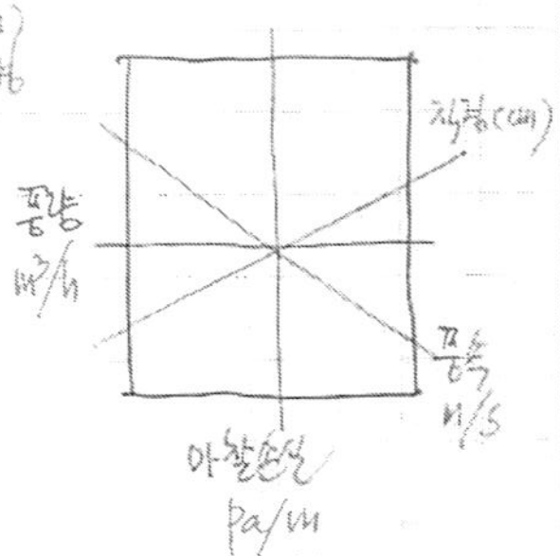

실제풍속 = $\frac{\text{풍량}}{\text{Duct 단면적}}$

설비공식1-3

- 배관 단위길이당 허용마찰저항 [mmAq/m] : R
허용압력손실
압력강하

$R = \frac{h}{l + l'}$

h : 순환펌프양정 [mm], 이용가능 순환수두

l : 배관 가장긴 길이 (최원거리) [m]

l' : 국부저항 상당길이

- 全水頭 전수두 (베르누이 정리) [m]

$H = h + \frac{P}{\rho g} + \frac{v^2}{2g}$ [m] $\frac{v^2}{2g}$ (m)

$P = \rho g h + P + \frac{v^2}{2} \rho$ [Pa] $\frac{\rho v^2}{2}$ (Pa)

위치수두 + 압력수두 + 속도수두

$\rho \cdot g \cdot h$ (ρ: 1000 [kg/m³], g: 9.8 [m/s²], h: [m]) ⇨ [Pa]

P, $\frac{\rho v^2}{2}$

note

설비공식1-4

송풍기 축동력

$$L_S = \frac{g \cdot Q \cdot H}{\eta} \ [kW]$$

$$= \frac{P_T \cdot Q}{\eta_T} \quad \frac{P_T : 전압 \times 풍량}{송풍기 전압효율}$$

$$= \frac{P_S \cdot Q}{\eta_S} \quad \frac{P_S \ 정압 \times 풍량}{송풍기 정압효율}$$

송풍기 전압/정압

전압 $P_T = P_{T2} - P_{T1}$ 송풍기에 의해 증가된 압력

정압 $P_S = P_T - P_{D2}$

송풍기정압 = 송풍기전압 − 송풍기토출측 동압

$$P_{D2} = \frac{v_2^2}{2} \rho$$

설비공식2-1

<설비공식> −2

전열교환기

$$효율\ \eta = \frac{외기온도차}{전체온도차} = \frac{10-5}{30-5}$$

외기온도차 : 피가열유체의 온도차

배기열회수 절감열량 q

$$q = \rho \cdot Q \cdot C \cdot \Delta t \times \eta$$
$$= G \cdot C \cdot \Delta t \times \eta$$

$$절감\ Energy량 = \frac{q}{COP}$$

열교환량 (열교환기의 전열량)

$$Q = K \cdot A \cdot \Delta t_m$$

K : 열관류율(열통과율), A : 전열면적

Δt_m : 대수평균온도차

$$= \frac{\Delta_1 - \Delta_2}{\ln \frac{\Delta 1}{\Delta 2}} \quad \Delta 1 > \Delta 2$$

설비공식2-2

Heat Pump의 COP

$$COP_H = \frac{냉동효과}{압축열량} + 1$$

$$COP_H = \frac{Q_1}{Q_1 - Q_2} = \frac{T_1}{T_1 - T_2} \quad (T_1 > T_2)$$

T_1 : 응축절대온도 (고온측)

T_2 : 증발 〃 (저온측)

q_1 응축기방열량, q_2 냉동효과, w 압축열량

$Q_1 = G \times q_1$ 응축부하

$Q_2 = G \times q_2$ 냉동부하

$W = G \times w$ 압축부하

G : 냉매순환량

note

설비공식2-3

엔탈피 (u) [kJ/kg]

온수엔탈피 : $C \cdot t$ $C = 4.2$ kJ/kg·K

증기엔탈피 : $\gamma + C t$ $C = 1.85$ kJ/kg·K

$\gamma = 2501$ $u = \frac{dh}{dx}$

t : 온수 or 증기온도

송풍량, 취출온도 산출

$q_S = C_p \cdot \rho \cdot Q \cdot \Delta t = C_p \cdot G \cdot \Delta t$

$q_T = \rho \cdot Q \cdot \Delta h = G \cdot \Delta h$

Δt : 실내온도 ~ 취출온도

By-pass Factor

$BF = \frac{② - ⑤}{① - ⑤}$

$BF = \frac{t_2 - t_s}{t_1 - t_s}$

$CF = \frac{t_1 - t_2}{t_1 - t_s}$

설비공식2-4

감습량 $= G \cdot \Delta x$

= 응축수량

⇒ 냉각Coil 온도 포화온도 초과분

kcal/h ÷ 860 ⇒ [kW]

HP × 0.746 ⇒ [kW]

USRT × 3024 ÷ 860 ⇒ [kW]

일본RT × 3320 ÷ 860 ⇒ [kW]

방열기 표준방열량 EDR

온수 : 0.523 kW/m²

증기 : 0.756 kW/m²

송풍기상사법칙

유량. 풍량 $\propto N^1 D^3$

양정. 풍압 $\propto N^2 D^2$

축동력. 동력 $\propto N^3 D^5$

배관 및 펌프 결정순서-1

배관 및 pump 결정순서

① 水量 산정

$q_S = \rho \cdot C \cdot Q \cdot \Delta t$

q_S : 기기부하. 냉각Coil부하 Q : 유량

② 「강관의 저항선도」 이용 관경 결정

냉수유량 × 단위 마찰손실 [Pa/m]

교점보다 같거나 높은 관경선택

③ 교점의 실저항 [Pa/m]. 실유속 [lpm. m/s] 확인

가로좌표 실저항

\ 사선좌표 실유속

④ 양정계산

i) 실양정 : 개방회로시 계산

(순환경로가 대기에 개방되면 개방회로)

ii) 배관마찰저항

iii) 기기저항

cf. 상당길이, 양정여유에 유의

1 mAq = 9.8 kPa

cf. 실양정 : pump off시 수위차

note

배관 및 펌프 결정순서-2

⑤ pump 축동력 계산

$$L_S = \frac{9.8\ Q \cdot H}{\eta}\ [kW] \qquad Q : [m^3/s],\ H : [m]$$

cf. 배관 단위길이당 허용마찰저항 R [mAq/m]

$$= \frac{\text{pump 양정 [mAq]}}{\text{순환길이} + \text{상당길이}}$$

cf. 양수P의 양수량

= 고가수조 저수량 + 고가수조 평균급수량

저수량 = 순용량 × (정지% − 기동%) / 만수소요시간

Duct 및 송풍기 결정순서-1

Duct 및 송풍기 결정순서

① 風量 산정

$q_s = \rho \cdot C \cdot Q \cdot \Delta t$

q_s : 기기부하 Q : 풍량

② 「유량선도」 이용 Duct 지름결정

상축 풍량 × 각축 마찰손실 [Pa/m]

교점을 정확히 읽음(소수단위)

③ 사각 Duct 크기 결정

제시된 단변으로 「사각 duct환산표」에서 가로결정

②항의 지름보다 같거나 큰 지름 선택

④ Duct 全저항 산정

i) 주경로 선정

ii) 직관부 저항

iii) 국부저항

— 상당길이를 환산

— 분기부저항

$$\text{국부저항계수} \times \frac{\text{밀도} \times (\text{유속})^2}{2} \quad \left(\frac{\rho v^2}{2}\right)$$

유속 $v = Q/A$ = 풍량/duct 단면적

Duct 및 송풍기 결정순서-2

iv) 기기저항

v) 전저항 = 직관부저항 + 국부저항 + 기기저항

⑤ 송풍기 축동력 계산

$$L_S = \frac{9.8\ Q \cdot H}{\eta}\ [kW] \qquad Q : [m^3/s],\ H : [m]$$

$$\text{전동기축동력} = \frac{L_S}{\text{전동효율}} \times \text{여유율}$$

cf. 송풍기정압

= 송풍기 全압 − 토출측 동압

$P_a = P_T - P_{v2}$

$P_{v2} = \frac{\rho v_2^2}{2}$

cf. 전압을 이용한 송풍기 축동력 계산

$$L_S = \frac{Q \cdot P_T}{\eta_T}\ [kW] \qquad Q : [m^3/s],\ P_T : [kPa]$$

note

현열과 잠열

문) 현열과 잠열

1. 정의

현열(Sensible Heat) : 물질상태변화 없이, 온도를 변화시키는데 소요되는 열량

잠열(Latent Heat) : 물질의 온도는 변화하지 않고, 상태를 변화시키는데 필요한 열량

2. 계산식

$Q_s = G \cdot C \cdot \Delta t$ $\quad q_s = G \cdot C \cdot \Delta t$

$Q_L = G \cdot r \cdot \Delta x$ $\quad q_L = G \cdot \gamma \cdot \Delta x$

Q 열량(KJ), G 질량(Kg), C 비열 (KJ/kg·K) 공기 1.01 물 4.19

Δt 온도차(°C), r 잠열(KJ/Kg) 2.501(물)

3. 주요계수

C 비열 : 물 4.19 얼음 2.1 공기 1.01 수증기 1.85

KJ/kg·K (⇒ 1kg을 1°C 높이는데 필요한 열량)

잠열 : 물 증발잠열 100°C 2257KJ, 융해잠열 334KJ

0°C 물의 증발잠열 2501

4. 현열비(SHF)

전열량에 대한 현열의 비율

현열량 / (현열량 + 잠열량 = 전열량)

열량과 비열

문) 열량과 비열

1. 열량 = 일(Work)

[J] = N·M

[kcal] 표준대기압下 물 1kg을 1°C 변화

2. 동력 : 시간당 한 일

[W] = J/s = 3.6 KJ/h = 0.86 kcal/h

3. 비열 C

- 어떤 물질 1kg을 1°C(1K) 변화시키는 열량
- [KJ/kg.K]
- 정압비열 C_p 물 4.19 얼음 2.1 증기 1.85 공기 1.01
- 정적비열 C_v
- 비열비 $= C_p / C_v > 1$

4. 밀도 ρ [kg/m³]

- 공기 밀도 1.2 kg/m³

5. 비중량 γ [kgf/m³] (수치는 밀도와 同一)

|밀도| = |비중량|

6. 압력 Pa = N/m²

연료의 발열량

문) 연료의 발열량 기름진, 가스총

발열량 : 연료가 완전연소시 발생하는 열량

1. 고위발열량(총발열량)

- 연료의 연소과정에서 발생하는 수증기의 잠열을 포함한 발열량
- 가스 Boiler는 고위발열량에 의한 효율로 판정

2. 저위발열량(진발열량)

- 고위발열량에서 수증기의 잠열을 제외한 발열량
- 기름 Boiler는 저위발열량에 의한 효율로 판정

※ 석유환산톤

TOE ton of oil equivalent

석유 1톤을 연소할 때 발생하는 Energy

toe = 연료발열량(kcal) / 10^7 kcal

1 TOE = 10^7 kcal

* 이산화탄소배출량

Tc = 연료의 TOE × 탄소배출계수 [Tc/toe] (순발열량기준)

$T_{CO_2} = T_C \times \frac{44}{12}$

note

공기의 엔탈피(습공기/습증기)

공기의 인탈피 (습공기/습증기)

t℃, x% 時 습공기 인탈피

건조공기 인탈피 + 수증기인탈피

→ $1.01 \times t$ (공기비열 × 온도)

→ $(2501 + 1.85t) \times x$ (잠열 + 수증기비열 × 온도) × 절대습도

$\Rightarrow 1.01t + (2501 + 1.85t) \times x$

건도 x 時 습증기 인탈피

$h_x = 419 + 2257x$

→ 419 × 100℃ (물비열 × 100℃)

→ $(2676 - 419) \times$ 건도

$h_x = h' + (h'' - h') \cdot x$ → 잠열

습공기 엔탈피 / 열수분비

문) 습공기 인탈피

1. 정의(개요)

건조공기 1kg이 포함하는 습공기의 현열+잠열合

건조공기 0℃ 의 인탈피 = zero 기준

2. 계산식 (kJ)

습공기 인탈피 = 건조공기 인탈피 + 수증기 인탈피

건조공기 인탈피 = 건조공기 비열(정압) × 온도

수증기인탈피 = [0℃포화수증발잠열 + 수증기비열(정압) × 온도] × 절대습도

$\Rightarrow 1.01T + (2501 + 1.85 \times T) \times x$ (섭씨온도℃)

cf. 열수분비 (u)

$$u = \frac{\Delta h}{\Delta x}$$

온수가습時 $u = 4.19t$

증기가습時 $u = 2501 + 1.85t$

건도, 습포화증기 엔탈피

문) 건도 乾度, 습포화증기 인탈피

잠열 ⇦ 2257 kJ/kg : 차이 $h'' - h'$

x 건도 = 증기질량 / 전체질량 (포화상태에서)

$1-x$ 습도 (습한정도)

$h'' = h' + 2257 = 419 + 2257 = 2676$ [kJ/kg]

$= 419 + 2257 \times 1$ (건도)

$h_x = 419 + 2257 \cdot x$ (x지점의 인탈피)

$= h' + (h'' - h')\,x$ (잠열)

note

극간풍 최소화방안

문) 극간풍(틈새바람) 최소화 방안

① 회전문

② Air Curtain

③ 2중문 (내측에는 수동문)

④ 2중문 중간에 Convector(대류방열기)

소형열병합발전-1

문) 소형열병합발전 ☆☆☆

개요 – 종류 – 개념도 – 특성 – 전망

1. 개요

열병합발전 : 1개의 E源으로부터 전기와 열을 동시에 생산하는 System

소형열병합발전 : 규모 소형화

15kW이하 소형으로 건물에 설치

2. 종류

터빈 : 증기터빈, 가스터빈 시스템 (폐열회수, 흡수식냉온, 산업用)

엔진 : 디젤엔진, 가스엔진 시스템 (공해X, 도시부 / 발전효율↑, 공해)

연료전지 시스템

3. 개념도

<가스터빈방식> 산업用

Air, C, 연소기, T, 발전, Fuel, Boiler, ExB 폐열회수B., DAR → 냉방, HEX → 난방, WEX → 급탕

소형열병합발전-2

<가스엔진방식> 도시부用

배기가스 열교환기, 냉각수 열교환기, 가스엔진, 발전, Fuel, ExB, Boiler, DAR → 냉, HEX → 난, WEX → 급탕

ExB 폐열이용 Boiler

DAR 2중효용 흡수식 냉온수기

HEX 난방用 열교환기

WEX 급탕用 열교환기

4. 특성

위치 · E · E 관점 (마지막 관점)

<위치적 측면>

① 전력이송거리 최소화 : 송전손실 ↓, 송전망건설비 ↓

② On-Site System : 대형건물, APT 밀집지역에 설치

note

소형열병합발전-3

< E 절감측면 >

① 2중발 발전 System : E종합효율 75~90%
(기존발전소은 ~~40%(본)~~ 38%)

② 전력 PEAK-CUT : 기본전력요금 절감

③ 수전설비용량 감소

④ 비상발전기 겸용 : 면적, 비용↓

⑤ 안정적 전력공급 : 상용전력과 조합사용 (계통연계)

< 환경측면 >

① 대기오염저감 : CO_2↓

② 저질연료 or 쓰레기 등 폐자재이용

③ 집단화로 공해방지설비 설치용이

< 단점 >

① 초기투자비 ↑

② E이용효율 ↑ but 발전효율 ↓

③ 열전비가 수요측과 다르면 E 낭비발생

④ 지역난방時 지역오염도 증가우려

⑤ 숙련인력 필요

5. 전망

분산형 전원 → Smart Grid 통한 안정적 전력수급에 기여

소형열병합발전-4

cf. Co-generation 제어종류

Tie-Line제어 : 터빈조속기 속도제어로 발전기출력제어

연료계통제어 : 연료보충, 처리, 이송, 상승 감시제어

Boiler제어

Turbine제어

발전기제어

실험제어

펌프의 특성곡선

문) pump의 특성곡선

1. 개요

pump가 일정속도(일정회전수) 양수時 토출량 변화에 따른 양정[m], 축동력[kW], 효율[%] 변화를 선도로 표시한 것 $L_s = \frac{9.8 \cdot Q \cdot H}{\eta}$ 가변수 표시됨

2. Graph 형태

양정 축동력 효율

A, R, Ls, H, η

토출량

3. 활용

- 특성곡선은 P. 종류에 따라 상이. P제조사 제공
- 저항곡선을 표시하여 H교점에서 운전점 결정
- 장치 저항곡선은 계산에 의해 사용자가 구함
- A점 左로 저항곡선 時 써징 발생

note

Cavitation과 NPSH

문) Cavitation과 NPSH

1. Cavitation
   ① 개요(정의)
   배관 속 유체 압력 < 동一액온 포화압력 時
   유체일부 증발 → 기포발생 → 진동 소음
   ② 영향
   소음. 진동. 관부식. 송출저下(pump)
   ③ 대책
   h↓ 、pump설치 위치 낮게. (흡입양정 작게)
   L× 、흡입관 직경 저항. 굴곡부 지양
   v↓ 、유속 작게.
   2 、2대 pump 사용
2. NPSH 유효흡입양정
   、Cavitation 일어나지 않는 흡입양정을 수주로 표시
   、유효 NPSH ≥ 필요 NPSH × 1.3 이 필요

Surging현상

문) Surging 현상

1. 개요
   P의 사이클운동이 의한 계속되는 진동현상
2. 영향
   、소음. 진동 계속적 발생
   、장치. 배관 파손
3. 원인
   Graph의 R2 (서징한계점 左) 운전시 발생
4. 대책
   、특성곡선 서징한계점 右측에서 운전
   、서징 발생× pump 사용
   、관로의 단면적(A), 유속(v), 저항(R) 변경

Water Hammering

문) Water Hammering 수격작용 수격현상

1. 개요
   관內 유체가 급각 정지 時
   속도E가 압력E로 변환되어 관에 심한 충격을 주는 현상
2. 영향
   、소음. 진동, 관파손
3. 원인
   、유속 급정지 충격압 (급개폐. 급정지)
   、관경↓. 유속↑
   、수압↑
4. 대책
   、밸브류 급개폐, 급시동, 급정지 지양
   、관경↑. 유속↓
   、기구류 근처에 Air chamber 설치
   、check valve 사용 → 역류방지

note

전수두 저감대책

문) 손수두 저감대책

1. 배관길이 단축
   열원기기 ~ 공조기 까지 배관길이 단축
2. 적정유속유지
   유속↑ ⇒ 반송동력↑, 수격현상, 침식↑
3. 손실수두저감
   ① 가급적 밀폐배관 채택
   ② 개방배관일 경우
   동력회수 or 수수열교환기 채택
   (수차이용, 65%) (열교환, 47%)
   cf. 개방식 대비 E소비량
   ③ E소비량
   개방형 100% > Zone분리 87%
   > Booster 83% > 동력회수 65%
   > 수수열교환기 47% > 밀폐배관 28%

cf. 개방식 → 수두 불균형 → 배관부식 → 열량증가

송풍기이용합리화

문) 송풍기 이용합리화

1. Damper 손실발생
   Boiler用 급기송풍기의 송풍량 조정時
   → 자동제어로 Damper 개도 조정
   → Damper 손실 발생
2. 방지대책
   Damper 開度 100% 유지
   + 급기송풍기의 회전수제어 (인버터제어)
3. Graph 분석

양정, 유량, damper제어 R_2, D제어時, 현재운전 R_1, 현운전점, 손실, 회전수제어時, 절감동력

지역냉방

문) 지역냉방

1. 개요
   한 지역 중앙에 설치된 plant에서
   온수 or 냉수를 공급하며
   그 지역내 시설을 냉방시키는 방법
2. 종류
   ① 온수이용형 (증기이용형)
   온수(증기) 공급 → 시설內 흡수식냉동기 or
   저온냉방기를 통해 냉수, 냉기 제조
   ② 냉수직공급형
   집단E시설에서 직접 냉수 제조 공급
3. 도입효과 (특성)
   ① 사용자 — E절감, 사용요금↓
   소음진동 없음, 쾌적실내환경
   ② 공급자 — 국가전력수급 안정화 (특히 하절기)
   사회적비용 절감
   O_3(오존)층 보호
   친환경 (공해×, 환기시설×)
4. 지원제도 — 설치보조금, 설계보조금

note

냉난방겸용 열원설비

문) 냉·난방 겸용 열원설비

Heat Pump　EHP
　　　　　GHP
　　　　　지열HP

항온항습기 (CRAC)

직화흡수식 냉온수기

cf. 난방 only : 지역열원 열교환기
　냉방 only : 축냉식시스템 열교환기

cf. 냉난방 생산기기가 아닌 장비
　FCU
　환기 (시스템에어컨)

축냉식 전기냉방설비

문) 축냉식 전기냉방설비

1. 빙축열식 냉방
　심야시간에 얼음을 제조하여 축열조에 저장
　기타시간에 이를 녹여 냉방에 이용

2. 수축열식 냉방
　〃　물을 냉각시켜　〃
　〃　　　냉방에 이용

3. 잠열축열식 냉방
　포접화합물 or 공융염 등의 상변화물질을
　심야시간에 냉각·동결한 후
　기타시간에 이를 녹여 냉방에 이용

축냉식전기냉방 이점

문) 축냉식 전기냉방 이점

1. 경제적 이점
　① 냉동기용량↓　　설비
　　부속설비용량↓
　　설치면적 감소↓
　　⇒ 설비비 절감
　② 수전설비용량↓　　전기
　　계약전력↓
　　운전전력비↓　pc. LS. VF.

2. 기술적 이점
　① 연속운전 → 고효율운전　　고효율
　　열원공급 신뢰성 → 안정적 공급
　② 열회수용이　　고장대응
　　축열조이용 → 열원기기고장에도
　　　일정시간 공급
　③ 대 열원도 이용가능 (저가수)　　저가수
　　전력수요 유지관리에도 유리

note

축냉식설비 이용시 전력수요관리 장점

문) 축냉식설비 이용時 전력수요관리 장점

① 최대수요억제 (Peak Clipping) PC

연중 or 日中 부분적 발생하는 최대수요억제

→ 전력공급설비 규모 축소

→ 발전원가 높은 화력발전 가동감소

② 최대부하 이전 (Peak Shifting) PS

피크시간대 전력수요를 경부하대로 이동

→ 최대수요억제, 경부하대 전력수요증대

→ 부하평준화 수요관리

③ 기저부하 증대 (Valley Filling) VF

부하수준이 상대적으로 낮은

심야 시간대의 전력수요를 증대

→ 전력공급설비 이용율 ↑

→ 전력공급원가 저감

빙축열 도해

<빙축열 도해>

<수축열 도해>

펌프의 종류와 축동력, 양정

문) PUMP의 종류와 축동력 양정

1. 펌프의 종류

단단P, 다단P : 날개부분의 수

횡형P, 입형P : 펌프축방향에 따라

육상P, 수중P (오수用)

원심P, 용적형P

(원심P : Volute P — Guide Vane ×, 저양정

Turbine P — 〃 ○, 고양정)

2. 펌프의 축동력

$$kW = \frac{송수량 (kg/min) \times 양정 (m)}{6120 \times 효율}$$

송수량 = 비중 × 송수량(부피)

3. 양정

전양정 = 흡입양정 + 토출양정 + 관내마찰손실수두 + 속도수두

속도수두 = $v^2/2g$ v 토출속도 m/s g 중력가속도 9.8 m/s

note

펌프의 동력

< Pump의 동력 >

Q [m³/s], H [m]

M 전동기 효율 η_m — P 펌프 효율 η_p

$$P_1 \text{ 소요동력 (양수동력)} = \frac{9.8\, Q \cdot H}{\eta_p \cdot \eta_m} \ [kW]$$

$$P_2 \text{ 축동력} = \frac{9.8\, Q \cdot H}{\eta_p} \ [kW]$$

Q : m³/s H : m

수동력 = 9.8 Q·H

보일러 종류와 특성

문) Boiler 종류와 특성

1. 종류

원통형 : 노통B. 노통연관식B

수관식

관류식 drum×

감압변

수관식 Boiler

Steam Accumulator

열부하변동 흡수장치

2. 원통형 vs 수관식

	원통형	수관식
부하변동 대응	유리	불리
가동시간(예열)	長	短
용도	건물난방	산업用
수처리	덜까다로움	깨끗히
보유수량	多	少

보일러 에너지 절약방안-1

문) Boiler 에너지 절약방안 ☆☆

1. 장비선정

η · 고효율기기 선정

· 고성능 Burner, 고성능급수pump 등

2. 연소관리

m · 적정공기비 관리

· 공기비(m) 높으면 열손실 증가

3. 폐열회수

· 응축수 및 배열회수 설비

· 과열기 – 재열기 – 절탄기 – 공기예열기

4. 운전관리

· 대수분할 : 저부하時 E손모 절감

· 비례제어

· 다단제어

· 회전수제어 : 부분부하운전시 유효 Pump.

5. 운전관리

· Scale 방지. 제거

· Soot Blower 채택(그을음제거)

· 급수 수질관리

note

보일러 에너지 절약방안-2

· 공기트랩관리
· 증기 · 물 누설방지
· Drain, Blow Down Value 개방최소화

장치운 으로서본 기술
(자)화설비 설치 배열회수설비
(제)어 대수 · 비례 · 다단 · 회전수
(운)전 공기비 · Scale · Soot · 수질 · 증기trap · 누설

보일러 열출력

문) Boiler 열출력 Summary

열출력 = $G_a \times (h_2 - h_1)$ [kJ/h]
(발생열량) G_a 발생수증기량 [kg/h]
h_2 발생증기 엔탈피
h_1 급수엔탈피) [kJ/kg]

환산증발량
열출력 ÷ 2257 [kJ/kg]
⇒ [kg/h]
100°C 수증기량으로 환산한 수치

상당방열면적, EDR [m²]

$$EDR = \frac{\text{발생열량 [kW]}}{\text{표준방열량 [kW/m}^2\text{]}}$$ 0.756 증기, 0.523 온수

방열기 개수

$$= \frac{\text{손실열량 (발생열량) [kW]}}{0.756\ (0.523) \times \text{방열기 1개당 면적}}$$

보일러 열량

Boiler 열량

[공기비 × 이론공기량] × 배가스비열 × 온도차 (실제공기량)

$$\frac{Nm^3}{kg} \times \frac{kJ}{Nm^3 \cdot °C} \times °C$$

[kJ/kg]
⇒ 공기비의 차이 ⇒ 절감열량
cf 온도차 : 배가스온도 – 외기온도

$$\text{공기비 } m = \frac{A}{A_0} = \frac{\text{실제공기량}}{\text{이론공기량}}$$

적정공기량 = 이론공기량 × (1.05~1.1)
이론공기량 : 연료를 연소시키는데 이론적으로 필요한 공기량 [Nm³/kg]

$$Q = A \cdot C_g \cdot \Delta t$$

(A: 공기량, C_g: 배가스비열, Δt: 온도차 $(t_g - t_o)$)

note

냉동기, 보일러 에너지 절감

문) 냉동기, Boiler E절감 ☆☆

	냉	B
고효율운전	○	○
대수분할운전	○	○
축열조이용	○	○
증발온도↑, 응축온도↓	○	
적정한 용량제어방식	○	
온수온도↓, 증기압력↓		○
드레인회수 (응축수 회수)		○
적정공기량		○
폐열회수		○
[illegible]	○	

cf. 냉동기 공통적 용량제어 방식
비용높 ① 발정제어 (on-off제어)
② By-pass제어
③ 회전수제어
④ 흡입압력제어

냉동기 종류, 특성-1

문) 냉동기 종류 특성

1. 개요
1988년 전력예비율 문제로 전력수요관리이후 이전의 전동식 냉동기에서 흡수식 냉동기 등으로 열원설비가 다양화 되었음

2. 종류
① 전동식 냉동기 (증기압축식 냉동기)
증기를 압축시키는 방법에 따라
Screw ⎫ 가장 많이 사용됨
turbo ⎭ (원심식 냉동기)
왕복동
Scroll
회전식
② 흡수식 냉동기
③ 지역식 냉온수발생기

3. 증기압축식 냉동기 특징 전동식 = 증기식 냉동기
① 전기로 구동
② 전력수요관리 이전에는 가장 많이 사용
신뢰성 높고 유지보수용이

냉동기 종류, 특성-2

③ 현재는 Boiler + 전동식 냉동기 + 축열조 의 조합 사용
④ 저온 얻을 수 있어 설비용량감소
반송동력 감소

☆☆ 4. 흡수식 냉동기 특징 E절약부친소

(장점) ① E는 가스로 사용. 전력소비 적고
가비친부소진 수전설비용량 축소가능
② 운전비 저렴
③ 부하변동에 유연. 부분부하효율↑
④ 구동부분 없어 소음 진동 적다
⑤ CO_2 발생 적고, 오존파괴물질 사용 ×
→ 친환경 냉동기

(단점) ① CT 용량 大
② 예냉시간 長
③ 高진공 상태 유지해야 5-6mmHg
④ 결정생성우려 크다

note

냉동기 에너지절약방안

문) 냉동기 E 절약방안

1. 운전 측면의 절감

① 부하율을 크게 한다

냉동기를 여러 대로 분할하는 대수제어 방식

② 냉각수 입구온도 ↓

③ 냉수 출구온도 ↑

(②③ → 압축일량(w)이 감소)

2. 축열시스템 도입

① 축열시스템 도입 시 심야전력 이용하여 전부하 운전에 의한 고효율 정격운전 가능

② 냉동기 용량 축소 가능

→ 초기 설비투자비 감소

수전설비 축소

기본요금 절감

3. 열회수 시스템으로 E 절감

전열교환기 등

4. 용량제어 방식 채택

발정제어(on-off)제어, By-Pass제어,

회전수제어, 흡입압력제어

(요약) 운전 / 축열 / 열회수 / 제어

몰리에르선도-1

문) Mollier 선도

1. 개요 : y축이 냉매의 절대압력(P)

x축이 냉매의 엔탈피(i, h)의

변화를 표시 → 냉매 상태변화를 여러가지 선으로 나타낸 선도

⇒ 냉동장치 계산에 사용

2. 선도 도해

P 절대압력 / h 엔탈피 [kJ/kg] / h_5, h_3, h_4, h_1, h_2

응축열량 : 냉각수방출열 / 냉동효과 / 압축열량 : 압축일량 / g_2 / g_1 / w / 냉수출입구

flash gas 발생열량

T 절대온도 / S 엔트로피 [kJ/kg·K] / 등압선

몰리에르선도-2

응축 / 팽창 / 압축 / 증발 (1, 2, 3, 4)

3. 계산식

냉동효과 $g_2 = h_1 - h_4$ 증발기흡수열량 $Q_2 = G \cdot g_2$

(외부에서 공급된 열) 압축일량 $w = h_2 - h_1$ 압축일량 $W = G \cdot w$

응축열량 (응축기방열량) $g_1 = h_2 - h_3 = g_2 + w$ 응축부하 $Q_1 = G \cdot g_1$

flash gas 발생열량 $= h_4 - h_5$

$cop = g_2 / w$

$cop_H = g_1 / w = cop + 1$

$cop = \frac{냉동효과}{압축열량} = \frac{필요E}{소요E}$

$cop = \frac{Q_2}{w} = \frac{Q_2}{Q_1 - Q_2} = \frac{T_2}{T_1 - T_2}$

note

몰리에르선도와 COP

문) 몰리에르선도와 COP

< 흡수식 냉동기 >

P 압력, h 엔탈피, Q_1 (냉동기 응축부하, 냉각수), Q_2 (냉동용량, 냉수), W (재생기 가열량, 증기에너지), 증, 흡, 응, 재

$$Cop = \frac{냉동용량}{재생기 가열량} = \frac{Q_2}{W}$$

냉동기용량 ∝ 냉수순환량

냉동기응축부하 ∝ 냉각수순환량

냉동기 수량 및 동력 계산-1

문) 냉동기 수량 및 동력계산 ☆

Chiller (압, 증, 응), CT, Ha, 실양정

① 냉각수量 산정

개념 : 응축기방축열 = 냉각수 흡수열

i) 응축부하 (Q_1) (응축기방축열) = 방열계수 (C') × 냉동능력 (Q_2)

ii) 냉각수흡수열 = $G \cdot c \cdot \Delta t$

= 냉각수量 × 비열 × 온도차

i) = ii)

$$c' \cdot Q_2 = G \cdot c \cdot \Delta t$$

방열계수 × 냉동기용량 = 냉각수量 × 비열 × Δt

냉동기 수량 및 동력 계산-2

② 全양정 (m) 10 kPa = 1 mAq

i) 실양정 Ha

ii) 배관손실 : 직관 + 마찰저항

배관길이 × 길이당마찰저항 [m × Pa/m]

iii) 노즐분무압 kPa

iv) 응축기저항 kPa

) ÷ 9.8 ⇒ [M] 9.8 kPa = 1 mAq

전양정 = i) + ii) + iii) + iv)

? ③ 냉동기 소요동력 펌프축동력도 同

물밀도 × 중력가속도 × 全양정 × 냉각수量 / 효율

$\rho \cdot g \cdot H \cdot Q / \eta$

ρ : 1000 kg/m³

g : 9.8 m/s

H : m

Q : m³/h

$$L_s = \frac{9.8\, Q \cdot H}{\eta} \text{ [kW]}$$

[m³/s] [m]

$$\rho \cdot g \cdot H \cdot Q / \eta$$

note

압축식냉동기 4대냉동싸이클-1

문) 압축식 냉동기 4대 냉동싸이클

1. 개요

냉매가 연속적으로 증발되면서
냉동기를 통과하는 물로부터 증발열을 빼앗음으로써
냉방用 냉수 제조

2. 4대 냉동싸이클

압축기 → 응축기 → 팽창밸브 → 증발기

3. 싸이클별 기능

압축기 : 응축조건부여
응축기 : 상온이하 물(냉각탑) 접촉시켜 냉매가스 액화
팽창V : 증발용이토록
증발기 : 냉매액이 주위열 흡수 냉동목적 달성

압축식냉동기 4대냉동싸이클-2

4. 압축식 냉동기 종류

왕복동식 : 가정용 패키지 에어컨
회전식
원심식 = 터보냉동기 : 대규모 건물用

5. 압축식 냉동기의 특성

장점 : 대용량공조 및 냉동에 사용 신뢰성. 운전보수용이
중형 (300 USRT) 이상에서 효율성. 가격↓

단점 : 25% 이하 경부하시 운전불능 우려
저부하시 E 소비량증가 전개동
냉매가 고압가스 → 자격자 不要 (장점)
* 건물전체 수변전설비 용량 증대

증발기에서 냉각되는 물 : 냉수
응축기에서 냉매를 냉각시키기 위해 외부에서
공급되는 물 : 냉각수

흡수식 냉동기

문) 흡수식 냉동기 ☆

1. 개요

냉매=물, 흡수제 = LiBr용액 사용
물이 증발과 응축을 반복하면서 냉동작용

2. 냉매순환경로 중요내용

증발기 → 흡수기 → 재생기(발생기) → 응축기
증발기내 6.5mmHg(진공)에서 물은 5℃에서 증발

3. 흡수식 냉동기 특성

(장점) 기동 전동기X → 소음 진동↓
열원(증기·온수·연소열) 이용 → 소비전력↓
100~25% 용량제어범위 넓다 : 부분부하운전특성 우수
보수관리용이 ← 회전체 小, 마찰부 小
취급자격자不要 ← 진공상태운전

(단점) 설치면적 大 ← 중량·높이
大 냉각탑 大 ← 냉각수소비량 多
長 온도, 부식성, 온도저하시 용액 결정등 사고
예냉시간 長 → 냉수나올때까지 시간
물 냉매이므로 5℃이하 냉수 구득 곤란

note

흡수식냉동기 각종계수계산원리

<흡수식 냉동기 각종계수 계산 원리> ☆☆☆

냉동기용량 Q [kW]

냉수순환온도차 $\Delta t_{냉수}$

냉각수순환온도차 $\Delta t_{냉각수}$

재열기 증기인탈피차 Δh

증기소비율 [kg/h. kW]

1. 증기소비량

냉동기용량 × 증기소비율

2. COP

$$COP = \frac{냉동기용량}{증기소비량 \times \Delta h = 재생기가열량}$$

3. 냉동기 냉수수량

냉동기용량 = 냉수수량 × C × $\Delta t_{냉수}$

4. 냉동기 응축부하 (배출열량)

재생기 가열량 + 냉동기용량

= 증기소비량 × Δh + 냉동기용량 =

5. 냉동기 냉각수 유량

응축부하 = 냉각수 수량 × C × $\Delta t_{냉각수}$

흡수식냉동기 냉동원리-1

문) 흡수식 냉동기 냉동원리 (냉동싸이클) ☆☆

구동열원필요 Generator, 재생기 (발생기), 응축기 C, 가열증기, 수증기, 냉각수, 열교환기, 진한용액, 3방변, 흡수기 A, 증발기 E, 냉수, 냉매, 희용액, 용액P (순환P), 냉매P (순환P)

용량제어 : 재생기 가열량 조절 / 재생기로 가는 희용액량 조절

~~~ LiBr (흡수제)

~~~ 물 (냉매) : Bline

흡수식냉동기 냉동원리-2

<증발기>

냉수로부터 열흡수 → 냉매(물) 증발하여 수증기 되어 흡수기로

<흡수기>

증발된 수증기가 LiBr에 흡수됨

발생열은 냉각수로 냉각, 희용액(化)

<재생기 (발생기)>

희용액을 가열, 수증기는 응축기로

진한용액은 흡수기로

<응축기>

수증기를 냉각수로 식혀 물로 만들어 증발기로 들어감.

$$COP = \frac{증발기 흡수열}{재생기 공급열} = \frac{Q_E}{Q_R}$$

$$COP_h = \frac{흡수열 + 응축열}{재생기공급열 (구동열)}$$

(제2종 흡수식HP)

note

냉각탑

문) 냉각탑 Cooling Tower ☆

1. 개요

냉동기의 응축기에 사용하는 냉각수를 재활용하기 위해 식히는 장치
냉각수는 내에 물 기체→액체로 변환

2. 종류 :

- 개방식 : 대향류형 / 직교류형
- 밀폐식

① 대향류형

- 냉각수 : 上→下 외부공기 : 下→上
- 면적↓, 냉각효율↑, 동결↓
- C H↑, 면동력↑, 점검 보수 불편

② 직교류형

- 냉각수 上→下, 공기 : 수평
- 동결↓ 점검보수용이 / 면적↑, 초기투자비↑

③ 밀폐형

- 냉각수는 배관內 공기 접촉 X, 관내냉각
- 수질오염방지 : 대기오염 심한 곳

: Cooling Range : 냉각수 입구~출구 온도차, ↑ 양호
Cooling Approach : 냉각수출구온도 - 냉각수입구 습구온도 ↓ 양호

폐열회수장치

문) 폐열회수장치

1. 개요

버려지는 폐열을 회수하는 장치
연료절약, 열효율향상

2. 폐열회수장치 설치순서 (과재절공)

연소실 → 과열기 → 재열기 → 절탄기 (Economizer)
→ 공기예열기 → 굴뚝

3. 단계별 역할

증기가열 ① 과열기 Super Heater
포화증기를 압력변화× 가열 → 고온과열증기 제조

습증기가열 ② 재열기
저압 습증기 → 저압 과열증기로 제조

급수가열 ③ 절탄기 Economizer
급수예열장치
Boiler 효율향상가능

연소용공기예열 ④ 공기예열기
연료用 공기가 연소실로 유입前 예열(후) 시키는 장치
연소효율증가 → Boiler 효율증가
저질연료 연소가능, 연소실 용적 축소 가능

전열교환기-1

문) 전열교환기 ☆☆ 회전식 고정식

1. 개요

배기와 도입외기 사이의 공기교환을 통해
70% 전후의 열량(현열+잠열)을 회수하는 장치

2. 설치효과

① Energy Saving (연료절약)
② 공조기 및 열원기기 용량 축소 가능

3. 종류

① 회전식

- Rotor 저속회전 : 상부에 외기, 하부에 실내배기 통과 — 현열 및 잠열교환
- 회전형이 많이 사용됨

② 고정식 (직교류식)

- 대향류 or 직교류형태
- 주로 현열교환, 잠열효율은 낮음 : 소용량사용
- 설치공간 많이 차지

4. 도해

note

전열교환기-2

외기 → → 배기

전열교환기

배기

AHU — 급기 — 실내

환기

?

5. 계산식

외기 — 외기온도차 — 전체온도차

배기

전열교환기 효율 η — 피가열유체의 온도차

η = 외기온도차 / 전체온도차

배기 열회수 절감열량 q

$q = \rho Q C \Delta t \times \eta$ (Δt 전체온도차)

절감 Energy량

= 절감열량 / COP(냉동기)

(냉방방식)

배기 ③

외기 ① ②

효율 = $\frac{① - ②}{① - ③}$

(인출의 대입) 때 온도

전열교환기의 교환열량

문) 열교환기의 열교환량 ☆

$Q = K \cdot A \cdot \Delta t_m$

K : 열관류율 (열통과율)

A : 전열면적

Δt_m : 대수평균온도차

$$\Delta t_m = \frac{\Delta_1 - \Delta_2}{\ln \frac{\Delta_1}{\Delta_2}}$$

$\Delta_1 > \Delta_2$

저온부 고온부

Δ_1 Δ_2 Δ_2 Δ_1

평행류 △ 병류 효율

대향류 ◎ 向流

대수평균온도차 LMTD

Logarithmic Mean Temperature Difference

열교환양은 고온유체온도와 저온유체온도의 差에 비례. but 위치마다 온도차 달라서 이를 평균한 "대수평균온도차" 사용

열교환기 효율향상방법

문) 열교환기 효율향상방법 ☆

<공식유추> $Q = K \cdot A \cdot \Delta t_m$

① 열교환면적 ↑

② 열전도율 높은 재료 사용

③ 열통과율 ↑

④ 열용량 ↑ 유체 사용

⑤ Δt_m 크게

열교환기 입구온도, 출구온도 차 크게

⑥ 대향류

<기타>

⑦ 유속 ↑ (작동유체 흐름 빠르게)

⑧ 유체 이동길이 ↓

note

히트펌프-1

문) 히트펌프 (Heat Pump) ☆☆

1. 개요

냉매의 (발열) 이 (흡열)을 이용하여 저온의 열을 고온으로 전달하거나 고온의 열을 저온으로 전달하는 냉난방장치

2. 원리

① 열은 높은 곳에서 낮은 곳으로 이동하는 성질이 있는데, 반대로 낮은 온도에서 높은 온도로 열을 줄어 올린다 하여 Heat Pump로 명명

② 난방시

압축기에서 고온고압으로 압축된 냉매를 기화시켜 응축기로 보내 높은 온도의 열을 온도가 낮은 바깥쪽으로 내뿜는 사이클을 반복

③ 냉방시

응축된 냉매가 더운 바깥공기와 열교환

3. 종류 (냉동기 구동형식에 따라)

① EHP : 전기로 냉동기의 압축기 구동

② GHP : LNG, LPG등으로 엔진 구동하며

히트펌프-2

냉동기의 압축기 구동

(이때, 연소가스와 엔진냉각수의 열도 회수하여 난방열로 사용)

4. 특징 [2E 저우C3]

1-기1 ① (단일)설비로 냉난방 및 급탕가능

→ 공간절약, 설비이용효율 높음

E↑ ② E효율이 높음 : 사용한 전기 E의 열배 열 취득

③ 각종 배열 등 未활용E 이용 → E절약

저E ④ 저등급의 (열원)도 이용可

⑤ 연료연소 없어 무공해

⑥ COP 3이상

⑦ 용량은 냉방부하로 결정, 난방용량 부족 時 보조열원 필요

지열 HP, H.Source, 증, Heat Sink, 응, 수수, 4방밸브, 압

히트펌프의 원리

문) Heat Pump의 원리

- 열역학 제2법칙 : 열은 고온에서 저온으로 흐른다.

ie, 외부에서 어떤 열 및 일E를 가하지 않으면 저온에서 고온으로 열이 흐를 수 없다.

- 외부에서 열 or 일E을 가해서 열을 저온에서 고온으로 흐르게 하는 것

- 열E 이용 : 흡수식 냉동기 (히트펌프) 흡열

- 일E 〃 : 압축식 〃 압열

〈지중열 히트펌프 장점〉

① CO_2 배출량 ↓

② 피크전력 저감

③ Heat Island 현상완화

④ 운전비 감소

note

지열히트펌프의 특징

문) 지열 Heat Pump의 특징 ☆☆

15회 2/WP

(장점)

- 지중열 사용 : 15°C ± 5°C
- 지온일정: 공기에 비해 열원온도변화 적다 – 운전비 저렴
- 보조열원 X – 보조열원 不必要
- 냉난방 – 냉난방, 급탕에 이용
- 친환경 – 전력부하 경감, CO_2 배출↓, Heat Island 현상↓

(단점)

- 초기설치비 高
- 반송동력 크다 – 개방형 System 별도설계 (배관·강·회수)

※ Heat Pump의 COP

$$COP_H = \frac{냉동효과}{압축일량} + 1$$

$$COP_H = \frac{Q_1}{Q_1 - Q_2} = \frac{T_1}{T_1 - T_2} \quad \frac{응}{응-증}$$

T_1 : 응축절대온도 (고온측)

T_2 : 증발 〃 (저온측)

°C + 273 = °K (절대온도)

GHP

문) GHP

Gas Engine Driven Heat Pump

1. 개요
   - 가스엔진의 구동력으로 압축기운전하여 냉난방. 연료는 LNG, LPG
   - 난방시 엔진배열 이용 하는 EHP와 유사
2. 장점 – E이용효율 ↑
   - 여름철 가스이용냉방 : 냉방전력 피크부하 ↓
   - 동절기 엔진배열 이용 난방. 저온에서도 일정수준 난방성능유지 可
   - 엔진 회전수제어용이 → 부분부하 우수
   - 운전비 ↓. 전력절감
   - 동일용량 EHP 대비 외기온도변동 영향의 난방효율 저하 적다
3. 단점
   - 설비비 ↑ (초기투자비 ↑) 10↑
   - 시스템 복잡 : 운전·운영 까다롭다

Heat Pipe 열교환기

문) Heat Pipe 열교환기 (현열교환기)

1. 구조 및 원리

밀봉된 Pipe 내에 작동유체를 넣고 고온面 열의 열을 주면 유체가 증발하고 응축부로 이동하여 열을 전달

2. 특징 – 無 동력 열교환기
   - 잠열에 의한 대량 열수송 可 – 외부와의 열교환은 현열교환
   - 경량, 구조간단 → 소형화 可
   - 응답속도 빠름 (작동유체속)
   - 저온열회수 가능
   - 수직, 경사 설치 가능. 고성능 but 미세화 혼란
   - 제작간단. 오염우려 ↓. 별도동력 不要

note

에너지절약적 자동제어방법-1

문) E절약적 자동제어방법 ☆☆ 문3설5

<전력관련>

① 최대수요전력 제어
수용가에서 피크전력의 억제, 전력부하의 평준화 등을 위해 최대수요전력을 자동제어

② 절전 싸이클 제어 (Duty Cycle Control)
설정된 실내온도를 유지하면서 공조기가 정지해도 무방한 시간을 컴퓨터가 계산하여 기동/정지

③ 분산전력 수요 제어
DDC Direct Digital Control 간의 개방형 통신을 통한 제어

<설비기기 제어>

① 최적 기동/정지 제어
쾌적범위에 도달 소요시간 미리 계산하여 계산된 시간에 기동/정지
→ 불필요한 공조 예열. 예냉시간 축소, 공조기 자동제어 가능

에너지절약적 자동제어방법-2

② 대수제어 + 비례제어. 다단제어 회전수제어
Boiler, Chiller, Pump, Fan 등을 여러대 설치하여 부하상태에 따라 필요한 운전대수를 자동으로 제어

③ VAV
토출공기 온도 일정, 송풍량을 실내부하변동에 따라 변화.
→ 운전비감소. 개별제어 용이

④ 전열교환기
폐열회수로 E절약

⑤ Blow Down으로 냉각수 수질제어
냉각수 수질저하시 냉동기 및 압축기 운전효율저하

E절약 자동제어
(전기) 최대수요전력제어 / 절전 cycle제어 / 분산전력수요제어
(기계) 최적기동정지제어 / 대수제어 비례제어. 회전수제어 / VAV / 전열교환기 / 냉각수수질제어

자동제어

문) 자동제어 방식

1. Sequence Control 시퀀스제어
미리 정해진 순서에 의해 제어 각단계 실행

2. Feed Back Control 피드백제어
목표치와 제어량의 편차가 zero될 때 까지 반복제어

note

부하계산법 : 최대 vs 기간

문) 부하계산법 최대 vs 기간

1. 최대부하 계산법
   ① 최대부하계산법 : 장치용량 계산用
   ② 축열 〃
   ③ ASHRAE의 CLTD/SCL/CLF법
   ④ TETD/TA 법
   ⑤ 전달함수법
2. 기간부하계산법
   건물 E해석, 상세계산법
   목적 E 예측, 소비용 산출과 예측이 사용
   ① 度日법 (표준도일법)
   ② 확장 도일법
   ③ 가변 〃
   ④ Bin 법
   ⑤ 수정 Bin 법
3. ΔT
   SAT : 상당외기온도
   ETD : 〃 차
   TETD : 축열시간지연 포함
   CLTD : 일사+시간지연 고려. 정밀분석

냉난방 부하계산

냉난방부하 계산

실기재외			냉방	난방
실내부하	외벽·지붕 충고		$K \cdot A \cdot \Delta te$	$K \cdot A \cdot \Delta t \cdot k$
	내벽 천정고		$K \cdot A \cdot \Delta t$	$K \cdot A \cdot \Delta t$
	유리	대류	$K \cdot A \cdot \Delta t$	$K \cdot A \cdot \Delta t \cdot k$
		일사	$I \cdot A \cdot (SHGC)$	×
	극간풍	현	$C_p \cdot \rho \cdot Q \cdot \Delta t$	$C_p \cdot \rho \cdot Q \cdot \Delta t$
		잠	$\gamma \cdot \rho \cdot Q \cdot \Delta x$	$\gamma \cdot \rho \cdot Q \cdot \Delta x$
	인체	현	○	×
		잠	○	×
	기구		○	×
기기부하	송풍기		○	
	duct		○	○
재열부하	재열기가열량		○	
외기부하	외기도입	현	$C_p \cdot \rho \cdot Q \cdot \Delta t$	$C_p \cdot \rho \cdot Q \cdot \Delta t$
		잠	$\gamma \cdot \rho \cdot Q \cdot \Delta x$	$\gamma \cdot \rho \cdot Q \cdot \Delta x$

Δte 상당외기온도차 k 방위별 부가계수

1.2 / 1.15 / 1.15 / 1.1 / 1.1 / 1.05 / 1.0 / 1.05 방위계수

cf. 난방시 잠열부하 생략도 함.

기간부하계산법

문) 기간부하 계산법

연간난방부하 Q

$$q = BLC \times HDD \times 24$$

$$BLC = KA + 0.34Q$$

(Q : 극간풍량 m^3/h)

$$HDD = \Sigma d(t_r - t_o)$$

Σ 날수 × (실내 − 일평균외기)

$$q = KA \times HDD \times 24$$

(극간풍 제외 時)

$KA\left[\frac{kJ}{h \cdot k}\right]$, $HDD\left[\frac{k \cdot d}{yr}\right]$, $24\left[\frac{h}{d}\right]$ ⇨ kJ/yr

※ 부하 q가 주어지면 $q = KA \cdot \Delta t$ 에서 KA 산출

note

난방도일 / 균형점온도 / BLC

난방도일 (Heating Degree Day) ☆☆

$HDD = \sum d(t_r - t_o)$

= $\sum$ 일수 × (실내온도 − 일평균외기온도)

균형점온도 (Balance Point Temperature)

건물 태양복사열 취득과 내부발생열을 고려한 부하 Zero시:

「실내열손실량 = 열취득량」 時의 실외온도 온도

BLC (Building Loss Coefficient)

· 건물 총열손실률 (W/℃) [W/K]

단위 온도차에 따른 구조체 열손실 + 환기 열손실

$BLC = \sum K \cdot A + 0.34Q$

K : 구조체열관류율

A : 외피면적

0.34 : 공기 용적비열 (Wh/m³K)

Q : 환기량 (m³/h) 극간풍

연간난방부하 = BLC × 24 × HDD

$q_i = BLC \times (t_i - BPT)$

q_i : 내부열 및 태양열 획득 [W]

t_i : 일평균실내온도 BPT : 균형점온도

ASHRAE의 CLTD/SCL/CLF법

문) ASHRAE의 CLTD/SCL/CLF법 ☆

외피 : CLTD적용(벽, 유리)
유리일사 : SCL적용
인체발열 : CLF적용
조명발열 : CLF적용

1. 구조체
2. 극간풍
3. 실내발생부하

1. 구조체를 통한 취득열량

① 지붕·외벽 $K \cdot A \cdot (CLTD)$

② 내벽·문 $K \cdot A \cdot \Delta t$

③ 유리 관류부하 $K \cdot A \cdot (CLTD)$

④ 유리 일사부하 $A \cdot K_s \cdot (SCL)$

SCL Solar Cooling Load

2. 극간풍부하

현열 $q_{IS} = C_p \cdot \rho \cdot Q \cdot \Delta t$

잠열 $q_{IL} = \gamma \cdot \rho \cdot Q \Delta x$

3. 실내발생부하

q_h 현열 $S_h \times N \times (CLF)$

잠열 $L_h \times N \times (CLF)$

q_E 조명 조명전력량 (조명밀도 × 면적) × 점등율 × (1 − 매입제거율) × 안정기계수 × (CLF) Cooling Load Factor

상당외기온도

문) 상당외기온도 SAT ☆☆

· Sol-Air Temperature

· 외벽이 일사를 받으면 복사열로 외표면온도가 상승되는 온도와 외기온도를 고려한 것.

· 약자 : t_e, t_{sol}

$$t_e = \frac{\alpha}{\alpha_o} I + t_o$$

α : 일사흡수율

α_o : 표면열전달율 (W/m²K)

I : 일사량 (W/m²)

ETD 상당외기온도차

냉방부하계산시

외피의 온도차에 사용 $K \cdot A \Delta t_e$

note

PAL / CEC

문) PAL, CEC

Energy절감 정도의 판단기준 공적기준

PAL Perimeter Annual Load 연간열부하계수

$$= \frac{\text{Perimeter Zone 연간열부하}}{\text{Perimeter Zone 바닥면적}}$$

[MJ/년·m²]

+ piloty 직상층

본은 : 최상층전체 + 중간층 외주부(5m)

외피를 통한 열손실 방지성능 평가기준

CEC Coefficient of Energy Consumption

에너지 소비계수 (설비시스템의)

$$CEC = \frac{\text{연간 소비E량 [MJ/년]}}{\text{연간 가상부하 [MJ/년]}}$$ ⇨ 예측분

$$CEC/AC = \frac{\text{연간 공조E 소비량}}{\text{연간 가상공조부하}}$$

건축설비의 E효율적 이용성능 평가기준

공조, 환기, 조명, 급탕, EV로 구분 계산

보일러 및 냉동기 부하종류

Boiler 및 냉동기 부하종류

Boiler 出力

- 난방부하, 급탕부하 → 정미出力
- 정미出力 + 배관부하 → 상용
- 상용 + 예열부하 → 정격

냉동기 장비별부하

- 실내, 기기 → 송풍량
- 송풍량 + 재열 + 외기 → 냉각 Coil
- 냉각 Coil + pump. 배관부하 → 냉동기
- 냉동기 + 여유율 → CT

송풍기 상사법칙

문) 송풍기 상사법칙 (펌프의 상사법칙, 비례법칙)

송풍기(펌프)의 회전속도(N)나 임펠라크기(D)를 변화시켰을 때 송풍기의 특성을 나타냄

N, D

유량 1, 3

1. 풍량(Q) $N^1 D^3$

$$Q_2 = Q_1 \left(\frac{N_2}{N_1}\right)\left(\frac{D_2}{D_1}\right)^3$$

(유량) 풍량은 회전수변화에 비례, 임펠라지름 3승에 비례

양정 2, 2

2. 풍압(P) $N^2 D^2$

풍압(양정)은 회전수 제곱

임펠라지름 제곱에 비례

$$P_2 = P_1 \left(\frac{N_2}{N_1}\right)^2 \left(\frac{D_2}{D_1}\right)^2$$

축동력 3, 5

3. 동력(kW) $N^3 D^5$

$$kW_2 = kW_1 \left(\frac{N_2}{N_1}\right)^3 \left(\frac{D_2}{D_1}\right)^5$$

동력은 회전수변화 3승

임펠라지름 5승 에 비례

note

공조방식

문) 공조방식

1. 개요

중앙식, 개별식으로 대별 (개별식은 패키지AC式)

중앙식은 全공기, 공기水, 水 방식으로 분류

2. 중앙식 공조방식

① 전공기방식

정풍량 단일덕트 CAV

변풍량 단일덕트 VAV

Multi Zone Unit (혼합상자수 = zone수)

각층 Unit

② 공기·水방식 D+FCU / 유인unit / 복사

덕트병용 FCU 방식

유인 Unit 방식

복사 냉난방 방식

③ 水 방식

FCU방식

4. 이중덕트방식

공기 냉풍온풍제조 → 냉풍D. 온풍D로 각실 공급

→ 혼합 Unit (Mixing chamber) 에서 혼합공조

공조설비의 구성

문) 공조설비의 구성

열원장치, 열운반장치, 공조기, 자동제어장치

1. 열원장치

난방시 : Boiler

냉방시 : 냉동기 (+ 응축기는 냉각탑 냉각수로 냉각)

냉난방겸용 : 흡수식냉온수기, EHP

2. 열운반장치

공기 : thru DUCT by FAN

물 : thru PIPE by PUMP

3. 공기조화기

EA, OA, 여과기, 냉각기, 가열기, 가습기, SF

실내로 공급되는 공기를

사용목적에 적합하게 만들기 위한 여러 기기로 구성

4. 자동제어장치

상태유지 — 목적하는 실내공기의 상태유지 장치

기기운전, 정지, 유량조절 — Valve. Damper.

각종 Switch

공조Zoning 계획방법과 장점-1

문) 공조 Zoning 계획방법 과 장점

1. 개요

유사 조건의 Zone마다 건물구획후 공조

→ 공조방식, 열원방식, 열원공급방식 결정요인

2. Zoning 방법

부하특성 — ① 室 열부하 특성별

· 외주부, 내주부 zone.

· 외주부는 방위별, 추가분할 (2~4개)

용도기능 — ② 복합건축물 時 室 용도·기능별

사용시간 — ③ 室 사용 시간대별

· 사무실 8HR → 일반공조시스템 사용

· 전자제어실·경비실 24HR → 개별유닛

· 식당·강당 간헐사용

방위 — ④ 室 방위別

온습도조건 — ⑤ 室 온습도 조건 : 항온항습실 별도 Zoning

환기조건 — ⑥ 환기조건 別 : 회의실·강당 별도 Zoning

⑦ duct space 및 장치크기에 따른 Zoning

⑧ 층별 Zoning

note

공조Zoning 계획방법과 장점-2

3. Zoning 장점
   ① Energy Saving
   ② 과냉·과난방, 과가습·과제습 방지
   ③ 효율적 운전관리 가능
   ④ 부하변동에 쉽게 대응
   ⑤ 실내 열환경 조절에 유리

※ Zoning 時 고려사항
   ① 공조부하 유사공간을 엮어서 구분 時
   평면적 구분 + 단면적 구분
   ② Zoning 수 : 건물규모에 맞게
   ③ 사무소 건축 Zoning 예
   기준층 → 특수층 (1F & 설비층)
   → 특수목적실, 사용시간대 상이실(식당) Zoning

공조에너지 절감방안-1

문) 공조E 절감방안 ☆☆☆

1. 설계時 ① 건축부문
   ② 설비부문 : 장비 / 시스템
2. 운영時
3. 공조설비 정기점검 및 보수

1. 설계時 절감방안
   ① 건축부문 : 외피부하저감 설계
   · 고단열. 고기밀. 고효율창호 + 외단열
   · 겨울일사획득. 여름일사차단 설계
   · 최적방위. 최적형태.
   · 건물녹화
   ② 설비부문
   a. 장비 고효율 열원기기
   열회수장치 : 전열교환기. HP.
   축냉식 : 빙축열. 수축열
   b. System
   · 적정 반송매체
   · 재열손실. 혼합손실 지양
   · VAV

공조에너지 절감방안-2

· 적정 Zoning
· 제어 시스템 : 속도제어. 대수제어

2. 운영時 절감방안
   · 외기냉방 (이코노마이저 시스템)
   · 최소외기량 (OA cut, CO_2농도제어)
   · 실내환경조건 완화
   · 국부공조
   · 중간기에는 환기 위주 운영
3. 기타 정기점검 및 보수
   · 취출구. 흡입구 정기청소
   · Duct 누기, 단열상태
   · 공조기 Coil 누설. 누수. Fin오염
   · Damper : 작동상태. 소음진동 여부
   · 송풍기 : 과열여부. Bolt 장력
4. 결론
   손실E 최소화 + 유효E 극대화
   설계시 E절약설계기술 도입
   운영시 최고효율운전 되도록

note

외기부하저감방안

문) 외기부하 저감방안

1. 개요

외기부하 = 全부하 × 30%

외기부하 저감 = Energy Saving

2. 저감방안

① OA cut : Warming-up時에 외기도입 일시 정지

② CO_2 농도제어 : CO_2 농도에 따라 외기유입 비례제어

③ 전열교환기

④ 외기냉방 Economizer System

최소외기량

외기냉방

배열회수

실내환경조건 완화

반송에너지 절감대책

문) 반송 E 절감대책 ☆ (매체) (방식) (손실) (양방향) 양방향매

1. 반송설비

① 적절한 반송매체 선정. 냉매가 물가스

② 배관 및 Duct 단열

2. 반송율

③ 수량 풍량 감소 : 큰 온도차방식 → 저온공조

④ 연간부하에 맞는 용량제어 방식

3. 채택방식

⑤ VAV Variable Air Volume

⑥ VWV 〃 Water 〃

4. 압력손실 방지

원회회로방식 채택

5. 과열환기 억제

외기도입, 배기 계통에 정풍량장치, damper개도조정장치

6. 불필요시 환기 정지

O/A Cut 예열시 외기도입 일시중단

7. 저부하시 환기량 제어 8. 자연환기

대수제어, 변풍량제어

BF / CF

문) BF. CF

1. BF (Bypass Factor)

냉각코일 및 가열코일에 공기가 통과할 때, 코일에 접촉하지 않고 그대로 통과하는 공기 비율

2. CF (Contact Factor)

공기가 코일에 완전히 접촉하는 비율

$CF = 1 - BF$

$$BF = \frac{t_2 - t_3}{t_1 - t_3} = \frac{h_2 - h_3}{h_1 - h_3} = \frac{x_2 - x_3}{x_1 - x_3}$$

note

전공기방식 특징

문) 전공기방식 특징

<장점> 1. 송풍량 多 → IAQ 유리
2. 외기냉방에 유리
3. 배열회수 용이 : 전열교환기
4. 가습용이

<단점> 1. Duct 大
2. 반송동력 大 : 운전비 ↑
3. 기계실 大

문) VAV 변풍량방식 특징

<장점> 1. 개별제어
2. 장치용량↓ (∵ 동시부하율 고려)
3. 부하변동 따라 풍량조절
4. 부분부하 응답 빠름
5. 사용전시 풍량조절 용이

<단점> 1. 부하감소 → 풍량감소 따라 실내공기오염 우려
2. 풍량감소시 기류분포악화 → 소음우려
3. 설비비↑ (VAV unit)

단일닥트 변풍량방식-1

문) 단일덕트 변풍량 방식 ☆☆

1. 개요 Variable Air Volume System
송풍온도 일정유지 → 부하변동에 따라 송풍량 변화

2. 종류
급기온도 일정 방식 : 실내 zone처럼 부하변동 적은 곳
〃 가변 〃 : 부하변동 큰 외주부
환기요구량 많은 장소

3. 장점 : E Saving 개방 동부시의

개별제어 ① 개별제어 가능
* ② 동시부하율 이용 장치설계 | 동시부하율 고려 → 장치용량↓
장치용량↓ → 풍량축소 → 장치부하 감소
반송동력↓ ③ 부하변동 따라 풍량조절 → 송풍동력절약
④ 부분부하시 응답 빠름 → 거주성 향상
(실내 Thermostat 이 있어) 실온조정유니
사용전용이 ⑤ 사용전시 풍량조정 용이 ⑦ 지역으로 통이하게 이
⑥ 외기 냉방이 유리

4. 단점
⑦ 부하감소 → 풍량감소 → 실내공기 오염우려
: 실내 최소 환기위한 최소풍량 확보 필요

단일닥트 변풍량방식-2

⑧ 풍량감소시 기류분포악화 → 소음발생우려
⑨ 설비비 ↑ — VAV Unit 압력감지장치 高価

5. 도해

① thermostat.

6. Unit 종류
① 교축형
부하감소에 따라 급기량 조절
송풍기 동력저감 . 용량제어 필요
② 바이패스형
경부하시 여분의 공기를 환기duct로 바이패스
송풍기 용량제어 不要 소음 少
③ 유인형
저온 1차공기 + 실내공기 혼합비 변화 공급
Duct감소 최소부하시도 환기가능 . FAN소음

note

VAV Unit의 종류-1

문) VAV Unit의 종류

교축형(되어형)
By-pass형
유인형
FPU Fan powered Unit

1. 교축형
   - 부하증감에 cone 좌우이동으로 풍량조절
   - 송풍기 동력저감 가능
   - 정압제어 필요
2. By-pass형
   - 저부하에 잉여급기를 환기duct로 by-pass
   - 송풍량 同一 : E절약 X
   - 천장내 조명열 제거 可. 정압제어 不要
   - 소음발생
3. 유인형
   - 저온고압 1차공기 + 실내공기 혼합비조절 취출
   - duct size ↓
   - 고압송풍기. 소음

VAV Unit의 종류-2

4. FPU
   - 교축형 + Fan
     야 필요시 + 재열코일
   - 실내공기 오염 다소 완화
   - 유인형과 같이 저온공조시스템에 이용
   - 병렬식 : 실내 저부하시 사용
     직렬식 : 방축열의 저온급기용

1차공기, 2차공기 (병렬식) / 1차공기, 2차공기 (직렬식)

   - 외주부에 주로 사용

정압센서

문) 정압센서

<역할·기능>

VAV unit의 풍량조절에 따른 압력변화 측정
⇒ 인버터의 회전수를 제어
⇒ 풍량감소로 송풍기 동력 절감

<설치위치>

- 송풍기에서 가장 먼 duct 말단
- 실용상 上流에서 2/3 지점에 설치

note

Perimeter 공조방식-1

문) PERIMETER 공조방식

1. 개요

내주부와 분리하여 PERIMETER 열부하를 처리하는 방식 (내주부는 단일덕트 CAV. VAV.)

2. 분리공조 필요성

① 열손실·외기 영향 크고

② 방위·시각·계절에 따라 열부하 변동 크며

③ 중간기·동계 - 방위에 따라 냉난방 혼재

3. PERIMETER 공조방식 종류

FCU

분산 Heat Pump

Air Barrier System

Perimeterless System : AirFlow Window, Double Skin

3-2. 분산 Heat Pump

「Wall Thru 형 공기열원 Heat Pump」

OA →

EA ←

Perimeter 공조방식-2

- 냉난방 + 외기확보
- 소요동력 ↓
- 내주부공조와 혼합손실 우려

3-3. Air Barrier System (push & Pull Window System)

유리 → Blind, Roll screen

Pull fan

Peri-Counter

push fan

- 외주부 열부하를 Peri-Counter의 취출기류와 천장의 흡입기류에 의해 Barrier 효과로 제거
- 일종의 Air Curtain
- 반송동력 ↑
- 혼합손실 방지

3-4. PerimeterLess System

- 유리창 2중화로 일사차폐, 단열강화 → Perimeter를 없애 혼합손실 방지

Perimeter 공조방식-3

- AirFlow Window와 Double Skin 방식 있음

<특징>

- 외주부 열원 없음 → 반송동력 ↓
- 내주부와 혼합손실 없음
- 외피 2중화로 건축비 증가

① Air Flow Window ② Double Skin

유리 간사이 차양

① + 외기도입(환기)

note

Personal 공조방식

문) Personal 공조방식 ☆☆

1. 개요
   - Task Ambient Air Conditioning System
   - Ambient 영역 공조
     외벽 열부하, 조명부하 처리, 기본공조
   - 개인영역 공조
     개인 Booth 마다 personal unit으로
     인체발열, OA기기, Task 조명부하 처리
2. 특징
   ① 쾌적성 우수
   ② personal unit 개인부재시 off 可
   → 송풍기 동력 소비 ↓
   ③ Ambient 공조조건 완화 + Personal 영역
   개별온도제어 → 전체공조보다 E 절감
   ④ 건축 + 공조 고려 가구 + 공조 조합 계획 필요
3. 용도
   personal 化된 Intelligent building

Chilled Beam 방식

문) Chilled Beam 방식

1. 개요 천장복사냉방 연계한 보완
   - 외기, 냉온수를 천장의 chilled Beam에 공급
   - 유인unit 고속취출 외기 + CC 통과 실내기 혼합취출
   - 수랭방식 (열교환기 or 냉각coil)
2. 종류
   ① 수동형 (passive) 대류냉각효과 - 자연적부력작용으로 순환
   ② 능동형 (active) 유인unit로 실내공기유인하여 혼합취출
3. 도시
   ① 수동형
   (냉수 열교환기)
   ② 능동형
   (외기) 유인unit 고속취출
   Line 형 취출구, Return Grill
4. 특징 : 반송동력↓, duct space↓, E절약
   현열냉각능력이 천장복사냉방의 2~3배

복사냉난방방식

문) 복사 냉난방 방식

1. 개요
   실내 바닥 or 천장을 냉각 or 가열하고
   복사전열에 의해 냉·난방하는 방식
   수랭방식의 일종
2. 장점
   ① 복사열이용 → Draft × → 쾌적성 ↑
   ② duct, duct space ↓
   ③ 반송동력 ↓
   ④ 천정, 벽체의 복사열 이용 可
   ⑤ 냉수온도↑, 온수온도↓ 열원기기 효율 ↑
   ⑥ (냉) 수시개폐 ↑ 유리
   ⑦ 벽체 축열기대 可 : 연속난방에 유리
3. 단점
   ① 모양변경, 용도변경이 불리
   ② 누수우려
   ③ 냉방시 결로우려
   ④ 간헐 냉방에는 불리

note

유인유닛방식

문) 유인유닛방식 ☆

1. 개요

Induction Unit System

공기·수방식의 일종

2. 방식

- 실내에 유인 Unit 설치
- 중앙공조기가 고속덕트로 각 실의 유인 Unit에 송풍
- 1차공기가 유인 Unit 노즐 통과 時 실내공기(2차공기)를 유인하여 취출

3. 특징

(장점)
1. 개별제어
2. 덕트공간↓ (∵ 고속덕트)
3. Unit 내부 전동기 X → 長수명
4. 유인비 3~4 : t_d, t_r 차이↓ – 기류분포 良好

5. Cold Draft X

(단점)
1. 고속덕트 소음
2. 비사용실 간단 정지곤란
3. 유인 Unit 內 노즐 막히기 쉽다

(사용) 사무실, Hotel, 병원 등 고층건물 외주부

현열 잠열 분리공조방식

문) 현열·잠열 분리공조 방식 ☆☆

1. 개요
- 공조기능의 부담을 잠열처리와 현열처리로 나누어 공조 = 데시칸트공조
- 외기전용공조기로 처리된 외기를 도입
- 외기부하 저감 System 中 하나

2. 개념도

3. 단계별 기능

① Desiccant Rotor

잠열부하 및 외기처리 전용

② 현열부하

공조기 or 천정방사 panel 이용

저온송풍공조방식

문) 저온송풍공조방식

1. 개요

공기온도를 4~10°C (10~12°C) 낮춰 저온냉풍으로 공조

(1~4°C 냉수를 이용) 토출구에서 실내공기와 혼합 공급

2. 특징

(장점)

① 공조기·덕트 크기↓, 층고↓ : 설비비 절감

② 풍량감소, 변풍량제어 → 반송동력↓

③ 제습량 증가 → 쾌적성 향상

④ 열교환능력↑ ⑤ 열원기 downsizing 可

(단점)

① Cold Draft

② 취출구에서 결로발생 우려

③ 풍량감소로 실내공기오염 우려

3. 용도

- 대용량化, 사무소의 OA부하대책
- Space 제약이 큰 인수증사 時, 냉난방능력 증대목적

바닥취출공조-1

문) 바닥취출공조
Under Floor Air Conditioning

1. 개요
Down Blow공조기, 바닥급기 chamber, 바닥취출구, 천장환기 chamber로 구성
바닥급기 · 천장배기형 공조방식

2. 구성도

급기chamber
Down Blow 공조기
환기chamber

3. 특성
(장점)
① 거주역(H=1.8m이내)만 3차공조 : E절감
② 상승기류로 효율적 배열제거 : 적은 공기량으로 환기가능 : E 절감 (부력환기)
③ Ductless System : 낮은 정압, 반송동력 저감
④ 취출구 이동용이 → 개별제어 (기호에 따른)

바닥취출공조-2

⑤ 급기온도 완화 : Cold Draft 문제로 18°C 이하로는 공급 X

(단점)
① 온도성층심화 → 불쾌감 : 머리K > 다리K
② Cold Draft 유의
③ 급기공기온도가 상대적으로 높아 제습불리 (보통은 14~16°C로 급기)

① 1:1 → 외기냉방기간 長 : E절감
② ductless → 송풍기 정압↓ → 반송동력↓
③ 小風量공기로 공조可 : 환기효율, 배기효율↑
④ 기존 2중바닥 사용 : 층고↓, 건축비↓
⑤ 온도성층이 의한 거주역공조에 적합
⑥ Layout 변경에 유연

① 고선회형 바닥취출구 사용 : Cold Draft 방지
② 현열부하제거에 유리 : 제습 곤란

저속치환공조

문) 저속 치환공조 DVS Displacement Ventilation System
100% 외기를 이용
실내보다 1-2°C 낮은 공기를
0.2m/s 이하속도로
下에서 上으로 서서히 공급하는 방식

<구성도>

Baseboard

<주의사항>
· 공기의 저속적 혼합 지향 piston flow 현상
· 주로 Ventilation(환기) 목적으로 실시
· 거주역 공조
  온도조절用 X
  ⇨ 복사냉난방과 결합활용
· 난방에는 사용不可

외기 100%
1-2°C 낮은 공기
0.2m/s 이하로 下→上으로

note

습공기선도 : 혼합-냉각-재열-취출

문) 습공기선도 : 혼합 – 냉각 – 재열 – 취출 process

<도해> 실내잠열부하 극히 클때 or 설계풍량보다 큰 풍량사용시 Energy 소비 有

외기부하 $G(h_3-h_2) = G_o(h_1-h_2)$

실내부하 : 취출공기가 실내부하를 제거하는 부하

① 외기 ② 실내 ③ 혼합 ④ 냉각 ⑤ 재열

1. 송풍량 Q (송풍온도차에서 Δt = 취출~실내) → 실내부하

$q_s = G \cdot C \cdot \Delta t = \rho Q C \Delta t$

현열부하, 밀도, 비열

$\Delta t = t_2 - t_5$ ⑤→②

2. 혼합공기 입구의 온도는 보간법으로, 실내외 공기비이용

3. 냉각코일 q_c [kW]

$q_c = G \Delta h$ Δh : ③~④

4. 재열코일 q_h [kW]

$q_h = G \cdot \Delta h$ Δh : ④~⑤

1W = 1 J/s = 3.6 kJ/h

습공기선도 : 예냉-혼합-냉각-취출

문) 습공기선도 : 예냉 – 혼합 – 냉각 – 취출 ☆☆ 도입식 System

<도해> 장치도: ① 외기, 예냉기, 전열교환기 이용, ② 환기, ③, ④, ⑤

상태변화과정

계산식

외기부하 $G_o(h_1-h_2)$ ①~②

실내취득부하 $G(h_2-h_5)$ ②~⑤ → 냉각열량 $= G(h_4-h_5)$

예냉부하 $G_o(h_1-h_3)$ ①~③

냉각기응축수량 $G\Delta x$ ④~⑤ } 총응축수량

예냉기응축수량 $G\Delta x$ ①~③

송풍량 $q_s = G \cdot c \cdot \Delta t = \rho Q c \Delta t$

공기 출구온도(취출온도)

$$t_d = t_r \pm \frac{q_s}{\rho Q c} \left(= t_r + \frac{q_s}{G \cdot c}\right)$$

냉방 –, 난방 +

습공기선도 : 혼합-냉각-Bypass-1

ⓔ문) 습공기선도 : 혼합 – 냉각 – by pass (혼-Bp-냉) by-pass로 재열부하 삭제

도해: ① 외기 $k_o G = G_o$, h_1; h_2 ② 환기 $(1-k_B-k_o)G$; $k_B \cdot G = G_B$; ⓐ ③ h_3 $(1-k_B)G = G - G_B$; ④ h_4; ⓑ ⑤

상태변화과정

계산식

냉각코일 $q_c = (1-k_B)G \cdot (h_3-h_4)$ ③~④

실내부하 $q_r = G(h_2-h_5)$ ②~⑤

실내현열부하 $q_{rs} = G \cdot c \cdot \Delta t (t_1 - t_5)$

ⓐ 열평형

$k_o G \cdot h_1 + (1-k_o-k_B)G \cdot h_2 = (1-k_B)G \cdot h_3$

ⓑ 열평형

$k_B G \cdot h_2 + (1-k_B)G \cdot h_4 = G \cdot h_5$

note

습공기선도 : 혼합-냉각-Bypass-2

터형용의 System
혼합-냉각-by-pass

* 실내부하 : 취출-실내
외기부하 : 혼합-실내

$G_o h_1 + (G-G_B-G_o)h_2 = (G-G_B)h_3$

$G_B \cdot h_2 + (G-G_B)h_4 = G \cdot h_5$

냉각coil 냉각부하

$q_c = (G-G_B)(h_3-h_4)$

외기부하

$q_o = G(h_3-h_2)$

실내부하

$q_r = G(h_2-h_5)$

습공기선도 : 혼합-가습-가열

문) 습공기선도 : 혼합-가습-가열

<도해>

장치구성: ① 외기, ② 환기, ③, 순환수분무, ④, H/C, ⑤

상태변화과정: h_1, h_2, $h_3 = h_4$, h_5, 실내부하, 외기부하, 등엔탈피선(습구온도), SHF선, ①, ②, ③, ④, ⑤, t_1, t_4, t_3, t_2 (t_r), t_1 (t_d)

계산식

<취출온도 구하기> 냉방부하로 송풍량 이미 구했으므로 취출온도 구하기가 문제

$q_s = G \cdot C \cdot \Delta t$ $\Delta t = t_d - t_r$ (실내온도-취출온도 x)

$t_d = t_r + \frac{q_s}{G \cdot C} = t_r + \frac{q_s}{\rho Q C}$

<가열 인탈피> $q_h = G(h_5 - h_4)$

<가습량> 단열가습 $L = G \Delta x$ $\Delta x = x_4 - x_3$

가습효율(포화효율) $= (t_3 - t_4)/(t_3 - t_4')$

Contact Factor

습공기선도 : 혼합-가열-가습

문) 습공기선도 : 혼합-가열-가습 일반적인 형태

<도해>

장치구성: ① 외기, ② 환기, ③ 혼합공기, H/C, ④, ⑤

상태변화과정: h_1, h_2, h_3, h_4, h_5, 외기부하, ①, ②, ③, ④, ⑤, SHF와 평행, x_5, x_4, t_1, t_3, t_2, t_5, t_4

계산식

가열량 $q_H = G \cdot (h_4 - h_3)$ at 가열기

가습량 $L = G(x_5 - x_4)$

송풍량 $q_s = G \cdot c \cdot \Delta t$ $\Delta t = t_5 - t_2$

공기 출구온도

$t_d = t_r + \frac{q_s}{\rho Q C}$ (t_5, t_2)

외기부하 $G \cdot (h_2 - h_3)$

note

전기설비 목차

전기설비관련 용어설명-1

전기설비관련 용어설명

[역률개선 콘덴서]

역률을 개선하기 위해

변압기 or 전동기 등에 병렬설치하는 콘덴서

[전압강하]

인입전압 or 변압기2차전압 과 부하측전압 차

저항이나 인덕턴스에 흐르는 전류에 의해

강하하는 전압

[고효율 조명기기]

광원, 안정기, 기타 조명기기로서

고효율인증제품

[조도 자동조절 조명기구]

인체 or 주위 밝기를 감지하여

자동으로 조명등을 점멸하거나 조도를 자동조절할 수 있는

센서장치 or 그 센서를 부착한 등기구

+ 고효율인증제품 or 동등이상성능 가진 것

※ LED 센서등 포함

백열전구 제외

전기설비관련 용어설명-2

[수용률] 최수전/설총

최대 수용전력 / 부하설비 용량

[최대수요전력]

수용가에서 일정기간 중 사용한 전력의 최대치

[최대수요전력 제어설비]

수용가에서 피크전력억제, 전력부하평준화 등을 위해

최대수요전력을 자동제어할 수 있는 설비

[가변속제어기 (인버터)]

정지형 전력변환기로서

전동기의 가변속운전을 위해 설치

+ 고효율인증제품 or 동등이상성능 가진 것

[변압기 대수제어]

변압기를 여러대 설치하여

부하상태에 따라 필요한 운전대수를

자동 or 수동으로 제어하는 방식

[창문 연계 냉난방 자동제어 시스템]

창문 개방시 센서가 감지해

자동으로 해당실의 냉난방 공급차단하는 시스템

전기기본개념-1

운) 전기 기본개념

[전력] 단상교류 3상교류

P 유효전력 [KW] $= \sqrt{3} V \cdot I \cdot \cos\theta$ 피S 유t

P_r 무효전력 [KVar] $\cdot \sqrt{3} VI \cdot \sin\theta$ 피싸 유틴) 유효전

지상무효전력 (L) +j

진상무효전력 (C) −j

Pa 피상전력 [KVA] $= \sqrt{3} V \cdot I$

$\tan\theta = \frac{P_r}{P}$

[역률]

$$\frac{\text{유효전력}}{\text{피상전력}} = \frac{P}{\sqrt{P^2 + P_r^2}}$$

[변압기 결선]

<Y결선>

선간전압 $V_l = 380V$

a, b, 중성선, c

공통선

상전압 $V_p = 220V$

3φ4W 장점

- 전력손실↓
- 전선조량↓
- 2개전원사용

$V_l = \sqrt{3} V_p = 380V$

$I_l = I_p$

⇒ 220V, 380V 둘다 가능

note

전기기본개념-2

< △결선 >

380V
380V

$V_l = V_p$

$I_l = \sqrt{3} I_p$

⇒ 380V 만 가능

[전력손실] P_l (전압)²(역률)²이 반비례.

$P_l \propto \frac{1}{V^2}$ $P_l \propto \frac{1}{\cos\theta}$

A(전선굵기)
W(전선중량)) 도 同一

전력손실을 줄이기 위해, 전선굵기를 줄이기 위해

V(전압)을 높인다

cosθ (역률)을 높인다

$I = \frac{V}{R}$

$P = V \cdot I = I^2 R = \frac{V^2}{R}$ [W]

$V = IR$

각종 전기요율-1

< 각종전기요율 >

↓ [수용률] Demand Factor 수요율 동시사용정도

최수전 / 설총

최대수요전력 / 총설비용량

Max 수요 / Σ 설비용량

일반적으로 40~70% cf. 최대전력 = 설비용량 × 수용률

↑ [부하율]

평부 / 최부

평균부하전력 / 최대부하전력

AVR부하 / MAX부하

cf. 종합부하율

$$\frac{\Sigma \text{평균전력}}{\text{합성최대전력}}$$

↑ [부등율] > 1

각 최전 / 합최전

(각 설비의) 최대전력합계 / 합성최대전력

일반적으로 1.1 ~ 2.0

→ 동일시간

각종 전기요율-2

< 변압기 용량 > [KVA]

$$= \frac{\text{부하용량[KW]} \times \text{수용률}}{\text{부등률} \times \text{역률} \times \eta}$$

η : 변압기효율

부하용량 : 각 설비 최대전력 합

[설비불평형률]

$$\frac{\text{선간 부하설비용량 최대 - 최소}}{\text{총 부하설비용량} \times \frac{1}{3}}$$

1/3 3φ4W
1/2 1φ3W) 중성선이 있는 경우만 발생

총부하설비용량(= 총부하)는 피상전력 전체부하

note

전기공식-1

<전기공식>

[역률개선용 콘덴서 용량]

$$Q_c = P(\tan\theta_1 - \tan\theta_2)$$

[kVA] [kW] 前 後

$$\tan\theta = \frac{\sin\theta}{\cos\theta} = \frac{\sqrt{1-\cos^2\theta}}{\cos\theta}$$

$$C = \frac{Q}{2\pi f V^2} \times 10^6$$

[μF] [VA] [V]

$$2\pi f = \omega$$

[전압강하]

$$e[V] = \frac{17.8 L \cdot I}{1000A}$$

[m] [A] [mm²]

I : 정격전류

L : 도선길이

A : 도선단면적

17.8 3φ4W 1φ3W

30.8 3φ3W

35.6 1φ2W

$$\text{전압강하율 } \delta = \frac{\text{전압강하}(e)}{\text{부하의 정격전압}}$$

전기공식-2

[변압기]

$$\eta_m = \frac{mP\cos\theta}{mP\cos\theta + P_i + m^2P_c} \times 100(\%)$$

효율, $P_i + m^2P_c$: 全손실

m : 부하율

변압기 최고효율 시점

$$P_i = m^2P_c \qquad m = \sqrt{\frac{P_i}{P_c}}$$

[Motor 회전속도]

$$N = N_s(1-S) \qquad S = \frac{N_s - N}{N_s}$$

회전자속도 = 동기속도 (1 − slip)

$$\text{동기속도 } N_s = \frac{120f}{P}$$

f : 주파수, P : 극수 (회전자계속도)

[배전손실]

$$P_\ell \propto \left(\frac{P}{V \cdot \cos\theta}\right)^2 \times R$$

전력품질저하현상

문) 전력품질저하 현상

1. 한국 전력품질지표

전압 유지율

주파수 유지율

정전시간 및 정전횟수

2. 전력품질저하 현상 순저FS 광고

① 순시(순간) 전압강하 (V Sag) UPS

② 정전 비상발전기

③ Flicker 현상 불규칙한

불규칙적으로 발생하는 저주파의 전압변동

④ Surge 10회 고유정동마다 약간의 감쇄개념

정상전압의 10% 이상 돌발상승현상

⑤ 과전압 6% 이상 상승

저전압 13% 이하 하강

⑥ 고조파 고조파 Filter

60Hz 기본파의 정수배 주파수 갖는 파

note

최대수요전력 제어방안

문) 최대수요전력, 제어방안 ☆☆ 설비관 PD高 분차

① 설비측 측면 PD高

피크컷 · 부하의 peak cut 제어

피크시프트 · 부하의 peak shift 제어 : 방축열냉방 등

디멘드 컨 · Demand Controller

高효율 · 고효율 기기 사용 (인버터. 전동기기)

② 신E원 보완 분산

발전기 · 자가용 발전설비

분산형 · 분산형 전원 : 태양광. 풍력. 연료전지

③ 관리측 측면

· 계약전력 결정방법검사

· 기능 지원제도 활용 : 요금제도.

고효율기기 지원제도

④ 개선효과

설비비 · 설비비절감, 변압기손실절감

설비여유 · 수전기기 여유발생

~~~전력 · 기본요금 절감

※ EPI : 최대수요전력감시 + peakcut 등 제어 P 가능해야 배점.

⇒ 단순 peak경보기능은 배점불가

Demand Control

문) Demand Control 개요. 원리. 구성. 부하

기능 개요 기구부

1. 개요

수용가 전력의 효율적 사용 위해

계약전력초과 예측時 자동부하제어하는 System

2. 원리

① Demand 값 예측

② 예측량 < 목표량 되도록

5~8회까지 부하차단

3. 기능 컴퓨터 예고한

① 경보기능 : 예측경보 고부하경보 한계경보

② 표시기능 : 현전력. 예측전력. 조정전력. 잔여시간

③ 제어기능 : 우선순위방식. Cycling방식. 정한순서

4. 구성

① 감시부 : 표시. 경보. 제어발령. 기록

② 제어부 : 부하차단 및 복구

5. 적용대상부하

단시간 정지時

수용가의 생산품질, 안전, 위생 지장 × 부하

수변전설비 E절약대책-1

문) 수변전설비 E절약대책 = 전원설비 E절약 ☆

1. 개요

수변전설비란

전기공급회사의 발전소. 변전소. 송배전선로를 통해

전기를 공급받는 수요자가 시설

그 전기를 받고 또 전압을 조절하기 위해 설치하는

2. E절약대책 역 선제 설변

① 제어 System

- 최대수요전력제어 : Demand Control

- 건물자동제어 BA

- 중앙감시제어

② 수전설비

- 위치는 부하중심점에 근접

- 적정용량 : 과설비 경부하시 무부하손 ↑

부하율 = 전력용량 65±10% 時

고효율 운전점 있음

③ 역률관리

- 95% 이상유지 권장

- 역률개선用 콘덴서 : 저압측 부하말단에 설치

note
~~~

수변전설비 E절약대책-2

- 역률자동제어 (APFR) 설치(집합설치時)

④ 배선관리

- 단상3선 or 3상4선 채택
- 전압강하율 기준 준수
- 전선 너무 가늘지 않도록

⑤ 변압기

- 고효율변압기 설치
- 직강압방식(1단강압방식) 변전
- 대수제어 배려구성
- 변압기 내각원활유지 : 온도↑ – 동손↑

수변전설비 계획방법

문) 수변전설비 계획방법

1. 개요

수변전설비는 전력회사로부터 특고압 or 고압으로 수전한 전력을

부하설비 종류에 맞게 알맞은 전압으로 변성하여

받는 설비 ⇨ 전력 받고 전압조정

2. 계획순서

① 부하설비용량 산출

② 수전설비 " "

③ 수전방식 결정

④ 변압기 Bank 구성

⑤ 설계도 작성

역률개선용 콘덴서

문) 역률개선用 콘덴서

1. 정의 부하의 지상무효분 감소위해 진상무효전력 공급 : 재선손실

역률을 개선하기 위해

변압기 or 전동기 등에 병렬로 설치하는 콘덴서

2. E절약계획 설계기준서 의무사항

전동기에는 kW×表값 = 콘용량 [kVA]

대한전기협회가 정한 내선규정의

「콘덴서 부설용량기준표」에 의한

"역률개선用 콘덴서"를 전동기별로 설치

3. EPI

"역률자동콘덴서"를 집합설치할 경우

"역률자동조절장치(APFR)"를 채택

기본배점 / / / / (과보상 손실방지用)

4. 역률개선用 콘덴서 용량 : Q_c

$Q_c = P(\tan\theta_1 - \tan\theta_2)$ $\tan\theta = \frac{\sqrt{1-\cos^2\theta}}{\cos\theta}$

Q_c [kVA], P [kW] 부하, θ_1 前, θ_2 後

$C = \frac{Q}{2\pi f V^2} \times 10^6$ $2\pi f = \omega$

C [μF], Q [VA], V [V] 저격전압, f: 정주파수[Hz]

$C = Q/\omega V^2 \cdot 10^6$

note

APFR

문) APFR

Automatic Power Factor Regulator

1. 개요

지상 or 진상전류 조정 → 역률일정하게 조정

2. 원리

회로內 무효전력, 연속감시

지상 or 진상부하 상황에 맞게 콘덴서 투입 or 차단

3. EPI

전기 9번항목

역률자동콘덴서를 집합설치할 경우

역률자동조절장치를 채택

(a) 기본배점 1 1 1 1

(b) 배점 적용여부

근거서류 : 수변전설비단선결선도

4. 단면도

APFR

역률관리-1

문) 역률관리 ☆ 전압~전류

1. 역률(Power Factor) cos(위상차)

전압과 전류 위상차의 cos 값

· 역률 = 유효전력(kW) / 피상전력(kVA)

2. 역률개선효과 VLCM VCLM

V ① 전압강하 저감

Loss ② 변압기, 선로 등의 손실전감

Capa ③ 설비용량의 실질적 증가 → 여유발생

₩ ④ 전기요금 절감

3. 역률저하 요인

① 유도전동기 부하의 영향 : 특히 경부하 시

② 가정용전기기기(단상유도전동기) 보급

방전등(기동장치이 고일사용) 보급 형광등, 나트륨등 메탈할라이드

③ 주상 변압기의 여자전류 영향

4. 역률제어방식 무효P전력

① 무효전력에 의한 제어

유효전력계전기를 사용한 콘덴서 개폐 → 세밀제어

② 역률에 의한 제어

역률계전기로 콘덴서개폐

역률관리-2

③ Program 제어

日 부하패턴 일정시 Timer 이용 콘덴서 투입/개방 제어

가장 간단하고 저비용

④ 전압에 의한 제어 → 주로 전압조정목적으로 사용

전압측정하며 콘덴서 투입/개방

(역률↓ 전압강하↑, 역률↑ 전압상승) 역률∝전압

⑤ 전류에 의한 제어

부하상태에 따라 역률일정할 경우 전류계전기로 제어

5. 역률제어 콘덴서

① 용량산정식 [kW]부하 $C = \frac{Q \times 10^6}{2\pi f \cdot V^2}$ [μF] [VA] [V]

$Q_c = P(\tan\theta_1 - \tan\theta_2)$ [kVA]

② 적정설치장소 $\cos\theta_1$ 당초역률, $\cos\theta_2$ 변경역률

· 개별설치 : 저압 — 효과적 but 종합설비비상승

· 집합설치 : 고압

→ 2가지 방식의 혼합설치 (E절감측면 고려)

<역률개선원리>

진상무효전력을 공급하여

지상무효전력을 감소시킴으로써 역률을 개선

note

역률개선콘덴서 설치후 효과-1

문) 역률개선 콘덴서 설치후 효과

1. 손실경감 : 변압기, 배전선로
2. 설비용량여유증가
3. 전압강하 감소
4. 전기요금 경감

1. 손실경감 전력손실감소

① 변압기 손실 경감 (W)

$$W \propto \left[1-\left(\frac{\cos\theta_1}{\cos\theta_2}\right)^2\right]$$

② 배전선로 손실 경감 (W)

$$W \propto \left(\frac{1}{\cos^2\theta_1} - \frac{1}{\cos\theta_2}\right)$$

2. 설비용량여유증가

$$P_2 = \frac{\cos\theta_2}{\cos\theta_1} \times P_1$$

P_1 P_2 $\cos\theta_1$ $\cos\theta_2$

역률개선콘덴서 설치후 효과-2

3. 전압강하 감소

전압강하는 역률에 반비례.

$$e = R \cdot I = \frac{R \cdot P}{\sqrt{3}V\cos\theta}$$

$$P = \sqrt{3}VI\cos\theta$$

$$I = P/(\sqrt{3}V\cos\theta)$$

4. 전기요금 경감

$$\text{기본요금} = \left(1+\frac{90-\cos\theta}{100}\right) \times \text{계약전력} \times \text{단가}.$$

cosθ는 최소 60%를 적용하여 계산.

☆☆ 5. 역률 과보상時 문제점 고조파 영향

① 전압상승 ⑤ 전압상승
② 역률저하
③ 전력손실 증가
④ 고조파 왜곡 증대

전압강하-1

문) 전압강하

1. 정의

인입전압(or 변압기2차전압)과 부하측 전압과의 差

2. 원인

저항 R[Ω] or 인덕턴스 L[H]에 흐르는 전류에 의해 강하

3. 전압강하 기준

전선길이	사용시설內 변압기에서 제공 (사설)	한전 저압공급 (한전)
~~60m 이하~~	~~3% 이하~~	~~2% 이하~~
120M ↓	5% 이하	4% 이하
200M ↓	6% 이하	5% 이하
200M 초과	7% 이하	6% 이하

4. 전압강하 계산식

$$e_{[V]} = \frac{17.8\,\alpha\, L \cdot I}{1000\,A}$$

〈기준전압〉

		220V	110V
17.8	$\alpha=1$	3φ4W, 1φ3W	
35.6	$\alpha=2$	1φ2W	220V
30.8	$\alpha=\sqrt{3}$	3φ3W	380V or 220V

L : 도선길이(m)

I : 전력전류 (A)

A : 도선단면적(mm^2)

note

전압강하-2

5. 전압강하(율)

$$\delta = \frac{\text{전압강하}}{\text{부하의 정격전압}} \quad (220 \text{ or } 380V)$$

6. 전압강하 감소대책

도체길이(L) 짧게, 정격전류(A) 작게.

도체단면적(A) 크게.

7. E 성능지표 EPI

(b) 배점 (1점) 3.5% 미만 3.5미만

0.9점 3.5~4.0% 미만 4 〃

0.8점 4.0~5.0% 미만 5 〃

0.7점 5.0~6.0% 미만 6 〃

0.6점 6.0~7.0% 미만 7 〃

(a) 기본배점 : all (1점)

전압관리-1

문) 전압관리

1. 적정전압유지 — 적정 →
2. 전압변동 최소화 — 변동 ↓
3. 전압불평형 억제 — 불평형 ✕

1. 적정전압유지 — 제곱비례 : 전동기토크, 전열기 발열량

정격전압유지 時 효율이 높음

① 전동기 : 토크는 $\propto V^2$ — 전동기토크

② 형광등·수은등 : 전압↓ → 수명↓ — 조명기기수명

③ 백열등 : 수명 $\propto 1/V^{13.5}$

④ 전열기 : 발열량 $\propto V^2$ — 전열기발열량

<대책> ① 변압기 TAP 조정

② 적정 전원분할

2. 전압변동 최소화

① 발생원인 : 부하변동 時 변압기, 배선 등에서 생기는 Impedance 강하의 변동으로 발생

② 대책 — 변압기용량 충분히

배선굵기 충분히

배선말단에 콘덴서 — 무효전력 억제

전압관리-2

3. 전압불평형 억제

① 발생원인

계통에 큰 단상부하가 있는 경우 부하의 불평형에서 전압의 불평형 발생

→ 역상전류 흐르고

전동기에서 동손·철손 증가

온도상승, 소음증가

② 대책

- 부하불평형 개선
- 단상부하는 불평형률 (40%) 이하

3상부하는 불평형률 (30%) 이하로 조절

note

변압기운전합리화방안

문) 변압기운전 합리화 방안 ☆☆

1. 개요

무부하손이 적은 고효율변압기를 채택하는 것이 가장 바람직.

but, 기존변압기도 운전합리화를 통해 전력손실을 최소화해야

2. 합리화방안 BCCCL1

Bank ① 합리적 (Bank) 구성 — 전등/전열, 동력, 냉방

열변화 구성 : 부하종류, 계절, 조기방식 등

누가곡선 : 부하사용특성, 전기방식, 종합검토

Capa ② 적정용량

용량부족 : 전압강하, 수명단축

과다용량 : 전력손실

Condi ③ 동대비합운전

저부하시 동대비합운전으로 전력손실저감

Loss ④ 저손실형 변압기 채택, 고효율변압기

1도 ⑤ 변압방식

2단강압 지양, 1단강압(직강압) 채택

Cold ⑥ 적절한 냉각방식 적용

변압기효율

문) 변압기 효율 ☆

1. 규약효율

$$\eta = \frac{출력}{출력 + 손실}$$

손실 = 철손 + 동손 (P_i, P_c)

출력 : $P\cos\theta$

2. 부하율 m일때 효율 $m = \frac{부하용량}{변압기용량}$

$$\eta_m = \frac{mP\cos\theta}{mP\cos\theta + P_i + m^2 P_c} \times 100(\%)$$

cf. P_i는 부하율과 무관하게 일정

전손실 $= P_i + m^2 P_c$ P: 피상전력 ⇒ P_a

3. 변압기의 최고효율 시점

철손 = 동손

$P_i = m^2 P_c$

$m = \sqrt{\frac{P_i}{P_c}}$: 최대효율時의 부하율

4. 주상변압기의 경우

철손 : 동손 = 1:2 로 제작

$\sqrt{\frac{1}{2}} \simeq 0.7$ 70%부하시 최대효율발생

소부하시간 짧을수록 철손을 동손보다 작게 해야

변압기의 전압강하

문) 변압기의 전압강하 %Z

1. 발생원인

변압기는 고유 R(저항), L(리액턴스)에 의해 발생

2. 계산식

$$\%Z = \frac{I_n \cdot Z}{V_n}$$ 정격전류 × 임피던스 / 정격전압

(%Z : 퍼센트임피던스)

$$= \sqrt{(\%R)^2 + (\%X)^2}$$

(%R : 퍼센트저항, %X : 퍼센트리액턴스)

$$\%R = \frac{I_n \times R}{V_n} \quad \%X = \frac{I_n \times X}{V_n}$$

3. 변압기에서의 표시

IMP. (75°C) 5.8%

note

퍼센트 임피던스

문) 퍼센트 임피던스 %Z ☆

%Z : 변압기에서 발생하는 전압강하율

$$\%Z = \frac{\text{정격전류} \times \text{임피던스}}{\text{정격전압 (상전압)}} \times 100\% = \frac{I_n \times Z}{V_n}$$

$$\%Z = \sqrt{(\%R)^2 + (\%X)^2}$$

- %X: 리액턴스로 생기는 전압강하율
- %R: 저항으로 생기는 전압강하율

임피던스(Z) = 저항(R) + 리액턴스(X)
(일반저항) (특수저항)

Impedance = Resistance + Reactance

I = R+R

변압기 병렬운전조건

문) 변압기 병렬운전조건

극성 — 권선소손 방지

정격전압

%Z — 부하균형분담

권선비 (변압비) — 권선과열

Z극 압권

변압기손실

문) 변압기 손실 권수비 $a = \frac{N_1}{N_2} = \frac{V_1}{V_2} = \frac{I_2}{I_1}$

1. 종류

무부하손 (철손) P_i 히스테리시스손 P_h
와류손 P_e

부하손 (동손) P_c
표유부하손

2. 철손

① 히스테리시스 손 P_h — 주파수에 반비례 (전압일정시)

개요: 자화되는 철심에서 E 소비

대책: 보자력↓, 잔류자기↓ 소재 사용 (투자율↑) (규소강판, 아몰퍼스 등)

② 와류손 전압일정시 주파수와 무관

개요: 철심에 기전력 유기 → 동심원 전류(와류로) 발생

대책: 성층철심사용

3. 부하손

① 동손 (P_c): 권선저항에 의한 손실

② 표유부하손

개요: 누설 자속에 의해 발생

대책: 외함의 내부 shielding 차폐

note

변압기 열화진단법

문) 변압기 열화진단법
- 油中 Gas 분석법
- tan 법
- 부분방전 시험
- 적외선 진단법

1. 유중 가스분석법 (이상 → 열 → 가스 → 진단)
   변압기 내부이상 → 이상개소에 과열발생
   → 열로 가스발생 → 유중가스분석으로 열화진단
2. tan 법
   유전 정접법
3. 부분방전 시험 (전압 → 방전 → 측정)
   상용주파수 (60Hz) 교류전압 인가
   → 부분방전 정량적 측정으로 열화판단
4. 적외선진단 (열 → 영상)
   적외선카메라로 열을 영상으로 변환시켜
   열화정도 파악

배전손실 경감대책

문) 배전손실 경감대책

배전손실 $P_\ell = \dfrac{P^2 \cdot R}{V^2 \cos^2\theta}$ $\left(\dfrac{P}{V\cos\theta}\right)^2 \cdot R$

1. 고압배전방식 채택 : 3φ4W 채용
2. 경제적 전선굵기
3. 진상用 콘덴서 설치
   = 역률개선
4. 전압↑
5. 저손실 배전압기 채용
   = 고효율 변압기 사용 (아몰퍼스변압기)

<핵심>
↑ : 전압, 역률

전동기

문) 전동기 (Motor)

1. 정의
   전기E를 기계E로 변환하는 "회전기"
2. 종류
   직류
   교류 ┬ 단상
   　　 └ 3상 : 농형 / 권선형
   농형 : 일반건축用
   　구조간단, 가격↓ / 속도제어어렵고, 토크小
   권선형 : 중대용량, 산업用
   　속도제어용이, 토크大 / 구조복잡, 가격↑
3. 유도전동기 특성
   ① $T \propto V^2, I^2$
   　토크(회전력)은 (전압)^2, (전류)^{2}에 비례
   ② 2승저감토크부하 $T \propto N^2$
   　fan. 송풍기. blower, pump는
   　$T \propto N^2$, $P(\text{동력}) \propto N^3$
4. 유도전동기 기동법
   Y-Δ 기동법 / 리액터기동법 / (단권)변압기 / 콘도르퍼法

note

유도전동기 기동법

<유도전동기 기동법> ☆☆ *농형만 해당

전동기 기동시 기동전류 ↑ → E 손실↑

→ 역률↓, 전압강하상승, 전동기수명단축 → 해결방법: 기동법

① Y-Δ기동법 기동시 Y, 운전시 Δ로 접속

Y기동시 기동전류 1/3, 기동토크 1/3

② 리액터기동법

전동기 1차측에 리액터설치 : 전압↓ → 전류↓

③ 단권변압기

전동기전용변압기 설치 : 전압↓ → 전류↓

④ 콘도르퍼 기동 ②+③

⑤ VVVF 법

- ①~④기동법시 전압↓ → 토크↓ 단점보완

주파수(f)와 전압(V)를 동시에 가변시켜 속도제어

- 장점 : 토크 일정, 기동전류↓

속도제어 목적 — E 절감

전동기수명 長 운전소음↓

⑥ VVCF 법

- 전압만 가변

- 기동전류↓, 철손↓

고효율 전동기

문) 고효율 전동기

1. 특성

운전비용↓, 長수명, 정숙운전

유지보수비용↓ 호환성↑

2. 효과적인 장소

연속운전, 장시간 운전

가혹조건, 고온

수전용량부족, 정숙운전

3. E 절약설계기준 의무사항

내선규정 「콘덴서 부설용량 기준표」 의한

역률개선用 콘덴서를 전동기별로 설치

(소방用, 인버터설치시 제외, 신설 및 교체만)

cf. 인버터(가변속제어기) : 정지형 전력변환기

→ 전동기 가변속운전위한 설비, 고효율인증 이상

o. 정의

전압 600V이하의 삼상유도전동기(0.4~200kW)

KS C 4202 규정이상의 고효율기준만족 전동기

효율 4~10%(평균6%) ↑

VVCF

문) VVCF (≒ Soft Starter)

1. 특징

기동전류↓ → 전력손실↓

전력품질 개선

2. 사용처

평균 운전부하 50% 이하 전동기

속도제어 不要한 곳

기동/정지 횟수 많은 전동기

note

VVVF(인버터) 속도제어방식-1

문) VVVF(인버터) 속도제어 방식 ☆☆ 가변속제어기

1. 개요

전동기 속도제어 방식의 변경

종래 : Value제어, Damper제어

최근 : 회전수제어 → 손실감소. E절약

2. 제어원리

Variable Voltage Variable Frequency

$T \propto \left(\frac{V}{F}\right)^2$ "가변전압 가변주파수 장치"를 이용하여,

상용전원으로 공급된 전압과 주파수를 변환시켜

전동기에 공급

3. 종류

① 전압형 : 사용多. 고효율 (전압 일정 사용)

② 전류형 : 제어회로 복잡

4. 변환원리 $N = N_S(1-S)$

$T \propto \left(\frac{V}{F}\right)^2 \quad N = \frac{120f}{P}(1-S) \quad S = \frac{N_S - N}{N_S}$

극수(P), 슬립(S) 일정하면 주파수(f) 변화에 따라 속도가 변함.

N : 회전자속도 N_S : 동기속도

VVVF(인버터) 속도제어방식-2

5. VVVF 방식의 장점 (MEE 소 Speed, 미소Speed)

E ① 고효율, E절약

CS 연속속도 ② 제어능력↑ (연속속도제어) 연속속도제어

M ③ 유지보수용이 = 보수성향상

소 ④ 설비소형화

환E ⑤ 환경개선 소음감소, Soft start 유연기동

6. E절약 효과 특징

2승저감 토크부하에 특히 E절약효과 ↑

* 2승저감 토크부하

: Fan. Blower. Pump. 송풍기

7. VVVF 적용시 유의사항

① 소음 우려 : 회전속도변화 따른 Shaft 기계적응력, 振동

② 고조파 영향

: 초정밀제어 요하는 경우 사용지양

→ 직류전동기 사용

VVVF 장점 : SPE 소정 역

Soft Start. Peak 전력감소 E절감

소음감소. 유량제어 정밀 역률개선

인버터-1

문) 인버터 (INVERTER) 직교in 전력변환장치

1. 개요(정의)

직류로부터 V f 장치

원하는 크기의 전압. 주파수를 갖는 교류를 발생시키는

2. 인버터의 사용목적

사용전원으로부터 공급된 전력을 받아

자체에서 전압. 주파수를 가변시켜 전동기에 공급

⇒ 전동기 속도를 고효율로 제어

① 에너지 절약 E

② 제품 품질향상 Q

③ 보수성 향상 R

④ 설비소형화

⑤ 환경 개선

I:QER 소환

3. 인버터의 종류

① 전압형

· 현재 널리 사용. 고효율

· 모든부하에서 정류 확실

· 전동기 과열로 수명단축

② 전류형

note

인버터-2

· 전류회로 간단. 제어회로 복잡

4. 인버터에 의한 (속도제어)
   · 인버터에 의한 주파수 변환
   · 연속적 속도제어. 고효율운전 가능
   · 인버터 = VVVF
     Variable Voltage, Variable Frequency
   cf. 극수(P)제어는 연속적 속도제어 불가
   슬립(S)제어는 저속운전시 손실증대
5. Inverter 제어(방식) (변환된 교류의 파형에 따라)
   · PAM제어 Pulse Amplitude Modulation
   · PWM제어 " Width "
6. Inverter의 Energy 절약 (적용) 등
   ① Energy 절감
      Pump. Fan: 변속운전. 가변속운전
   ② 자동화 – 반송기계. 복수 Motor 회전속도운전
   ③ 설비효율화 – 공작기계. 반송기계 : 증속운전
   ④ 보수비 절감 – 공작기계 : 교류모터로 대체가능
   ⑤ 품질향상 – 공작기계 : 무단계 회전속도 운전

회로해석법 / 인버터

문) 회로해석법

1. 중첩의 정리
   ⊕ 전압원 : 단락 잇기
   ⊕ 전류원 : 개방 끊기

2. 테브난의 정리

문) 인버터

1. 가변속 제어기
   정지형 전력변환기. 가변속운전 위해 설치
2. 전력변환장치
   DC → AC로 변환
   전력품질 개선
   태양전지. 연료전지. UPS에 사용
3. 일정 전압 및 주파수 조정 장치
   풍력발전 (gearless 형)
   전력품질향상

조명에너지 절약대책-1

문) 조명E 절약대책

1. 개요
   전세계적으로 건물부문의 E 소비량은 약 40%.
   그중 조명E가 약 20%를 차지 → 조명E 절약중요
2. 조명계획 (원칙)
   ① 인공조명보다 주광 활용 우선 주광우선
   ② 계획단계 전기E 절감 고려해야 계획시절감
3. 조명E 절약(대책) 정리: 자고제조
   ① (자연)채광 적극도입 자
   ② (고효율) 조명기기 사용 고
   ③ 조명 (제어)기기 도입 제
   ④ 개별점등 및 (Zoning) 조
4. 조명E 절약을 위한 일반(지침) 조도/시설/점멸
   ① (조도)관련
      · (과다)조도 금지 : 설계 700. 최저 300. 통로 150
      · (동일)조도 동일 Zoning
      · 소요조도 상이시 조도조절기(다변조도기)
   ② (시설)관련
      · 층별 점멸방식 : 미관 복도

note

조명에너지 절약대책-2

③ 평면계획
- 개방평면 → 벽체 최소화
- 적정 조명 면적범위 설정

④ 선 자연광원 후 인공광원 (PSALI 계획)
- CIE에서 보조인공조명을 "실내상설보조 인공조명" = PSALI
- PSALI 목적 : 창에서 멀리 떨어진 부분의 조도 부족을 보완하기 위해 인공조명을 보충
- E = 500 DF (경험식)

E 인공조명 조도수준

DF PSALI지역 평균주광률

조명에너지절약-1

문) 조명E절약 ☆☆☆

1. 개요

전세계적으로 건물E 소비량 40%

그中 조명E가 약 20%를 차지

→ 조명E 절약 중요

2. 조명계획(원칙) → 주광우선, 계획적 접근

① 主光(주광)우선

② 계획단계 전기E절감 고려

3. 분야별 조명E절약 대책 ELCP

E < 조도 >

① 적정조도 기준 설정

② Zoning : 동일조도 동일조닝

③ 조도설계 조도조절기 (디머조도기)

L·G < 조명기구 >

① 고효율 조명기기

② 용도적합 조명기구 채택

③ 필요시 조도자동조절 조명기구

Control < 제어방식 >

① 적절 조명제어시스템 도입

조명에너지절약-2

② 점멸회로 설치 — (부분조명) 가능한 점멸회로

③ 일괄 소등 스위치

Plan < 평면설계 >

① 개방평면 : 벽체의 최소화

② 적정 조명면적 범위 설정

< 전력량 최소화 >

$$\text{전력량} \propto \frac{W \cdot T \cdot E \cdot S \cdot D}{F \cdot U}$$

W : 등기구 대당 전력 ↓

T : 점등시간 ↓

E : 조도 ↓

S : 室 면적 ↓

D : 감광보상률 ↓

F : 광속 ↑

U : 조명율 ↑

< PSALI 실내상시 보조인공조명 >

적정조도 유지 위해 자연조명을 보조하는 실내 인공조명

Permanent Supplementary Artificial Lighting of Interiors

note

조명설계순서

문) 조명설계 순서

1. 조도결정
2. 조명방식결정
3. 전등기구선정
4. 조명기구 개수산정
5. 조명기구 배치 결정
6. 조도분포산정
7. 광원배치시 유의사항

1. 소요조도 결정
   사용공간의 (용도)에 따라 결정
2. 광원 및 조명방식 결정
   ① 전등(광원) 종류 결정
   ② 조명방식결정 : 간접, 직접, 전확산 등
   ③ 광원배치 결정
3. 광속 光束 계산
4. 조명기구 배치계획 결정
   ① 배치계획 수립
   ② 실내면 광속발산도 계산 : 출사밝기 [Hx]
5. 광원배치 및 유의사항
   ① 광원 배치간격 : $S \le 1.5H$
      H : 광원~작업면　S : 간격
   ② 벽체~광원 간격 : S_o
      $S_o \le H/2$　벽 가까이 작업 ×
      $S \le H/3$　벽 가까이 작업 有
   ③ 광속법으로 검증
      $F = A \cdot E \cdot D / U \cdot N$

조명률 영향요인

문) 조명률 영향요인

1. 개요

$$조명률\ U = \frac{작업면\ 도달\ 광속}{전체발생\ 광속}$$

2. 영향요인
   ① 직접조명 > 간접조명
   ② 반사율 ↑ (벽, 천정)
   ③ 실지수 ↑

$$실지수\ k = \frac{X \cdot Y}{H(X+Y)}$$

(H ─ 높이)

   ④ 조명기구효율 ↑　⑤ 배광방법, 보수상태

$$\eta\ 발광효율\ (전등효율) = \frac{F\ 발생광속[lm]}{W\ 등기구용량[W]}\ [lm/W]$$

F 발생광속 = η 발광효율 × W 등기구용량

全 광속 = η 발광효율 × W 등기구1개용량 × 등기구개수

조명기본지식-1

<조명기본지식>

- 광도 : 빛세기　I [cd] 칸델라　I도세 cd
- 광속 : 빛 량　F [lm] 루멘　F속량 lm
- 휘도 : 눈부심정도　B [sb] 스틸브　cd/cm^2
  [nt] 니트　cd/m^2
- 조도 : 밝기 (피조면의)　E [lx] 룩스, 럭스　E조밝 lx

$$E = \frac{F}{S}\left[\frac{lm}{m^2}\right]$$ (피조면 면적)

면적당(m^2) 광속 (lm)　$lm/m^2 = lx$

<조도의 분류>

광원 I [cd]　θ　ℓ　P

$$E = \frac{I}{\ell^2}$$

P점의 법선조도　I/ℓ^2
수평면조도　$I/\ell^2 \cdot \cos\theta$　코평
수직면조도　$I/\ell^2\ \sin\theta$

cf. W당 광속(lm)
　lm/W　발광효율(전등효율)

note

조명기본지식-2

- 조명률 U = 이용률

$$조명률 = \frac{피조면\ 도달광속}{Lamp\ 총광속}$$

- 전등효율 [lm/W] (발광효율)　　조도 $\frac{F}{S}$ [lm/m²]

$$\eta = \frac{F}{P}\ \frac{발산광속}{소비전력}$$

(80 lm/W 정도이후 고효율)

- 조명밀도 [W/m²] D

$$D = \frac{W}{S}\ [W/m^2]$$

[lx] 조도 $E = \frac{F\ [lm]}{S\ [m^2]}$ 조사된 면의 밝기

[rlx] 광속발산도 $R = \frac{F\ [lm]}{S\ [m^2]}$ 단위면적당 발산광속

광속법

문) 광속법

1. 공식 : FUN = AED　FUN = DES

광속 × 조명률 × 개수 = 면적 × 조도 × 감광보상률

2. 요소별 설명

F ① 광속 光束 빛양(F) [lm]

U ② 조명률 Coefficient of Utilization

작업면광속 / 광원 총광속

N ③ 개수 : 조명기구의 수량 (광원수)

S. A ④ 면적 : 바닥면적 [m²]

E ⑤ 조도 : 밝기. 광도[cd]에 비례. 거리에 반비례

[lx]

D ⑥ 감광보상률 : 조도계산시 조도감소를 예상하여

Depreciation Factor 주는 여유　D > 1

cf. 유지율 $M = 1/D$

$$전등효율 = \frac{발산광속}{소비전력}\ \frac{lm}{W}$$

<광속감소 원인>

- 필라멘트증발　· 유리구 내면 흑화현상
- 등기구노화 → 흡수율↑　· 반사율↓ : 실내반사면 오손

LED-1

문) LED ☆

1. 개요

LED : Light Emitting Diode

제4의 광원　백열전구 → 형광램프 → HID → LED

2. 발광원리

P형과 N형 반도체 접합된 LED칩에

순방향 전압을 걸면 발광

⊕정공 P N ⊖전자

전자와 정공이 재결합하여 빛발생

3. LED 특성

(장점) · 구조간단. 대량생산가능　안정기 不要

· 소형. 진동에 강함. 長수명(1万시간)

· 효율↑. 전기요금절감　응답속도 빠름

· 유해 중금속 사용 않음

(단점) · 발열.　컨버터 필요 (직류사용)

· 제조단가 높다.　접합부위 열에 취약

4. E절약설계기준서 EPI

① 조기설비 의무사항

note

LED-2

주차장 조명기기 및 유도등은 LED 사용의무화 (고효율)

② 건기설비 성능지표 2개항목 (1점)
- 옥외등 LED 사용 + 격등조명, 자동점멸 여부 (가능) 배점
- 전체 조명설비 전력 대비 LED 조명기기 전력비율 5% 이상부터 배점 (기본배점 4점)

5. 향후전망
- (열방출) 기술개발이 요구됨
- LED Converter 수명 연장 기술개발 필요
- 종래 실현 불가능했던 조명가능 → 다양분야 확산
  → 대형광원 요구되는 전조, 경우공간 급속보급예상

※ 설계시 고려사항
① 컨버터 (정류장치) 필요 (∵ 직류사용)
② 집광을 조합해서 1개의 등기구
  → LED배치와 색상조합 고려
③ 크기 작음 X → 용도에 따라 길이, 모양이 결정
④ 고광도, 고휘도 기대곤란

광원선정 고려항목

문) 광원선정 고려항목

① 효율
램프, 안정기 (점등장치) 종합효율

② 연색성
광원이 색상의 정도에 미치는 영향
연색평가지수 : 연색성을 수치로 표시

③ 수명
점등불능 여부까지의 시간
광속유지율이 규정값 이하 될 때까지 시간
中 짧은 시간

④ 휘도
눈부심 정도. 일반조명은 낮은 쪽이 유리

⑤ 시동 및 재시동 시간
특히 고압방전등은 수분 ~ 수십분 소요

⑥ 동정특성 램프특성 aging
점등시간 경과에 따라 광속감소

⑦ 색온도 (광색)
↓ 따뜻하게 느껴짐 ↑ 서늘한 느낌

조명설계 Flow Chart

< 조명설계 Flow chart >

note

광원 장단점

문) 광원 장단점

<형광등>

장점 : 長수명 . 휘도↓ . 열×

단점 : 역률↓ . 빛 어른거림 . 주위온도영향

<메탈할라이드> 연색성, 광속 / 長에. 효

장점 : 연색성↑ . 광속↑

단점 : 점등시간 長 . 고가

<할로겐>

장점 : 연색성 최고

단점 : 전등효율 (lm/w) ↓

<고압나트륨등>

장점 : 長수명 . 광속↑ . 투과력 우수

단점 : 색상×(적황색) . 시력장애. 피로감

<저압나트륨등>

장점 : 휘도↓ . 발광효율 ↑

단점 : 연색성↓ . 이용불가 한계

(효율순서)

나 > 메 > 형 > 수 > 할 > 백

연색성

문) 연색성

· 조명빛 자연채광빛의 색과 비교하여 얼마나 비슷한가를 나타내는 것

· 빛의 분광특성이 색의 보임에 미치는 효과

· 연색성이 좋은 순서

백열등 > 메탈할라이드 등 > 백색형광등 > 수은등 > 나트륨등

연색 : 백 메 형 수 나

Albedo

문) Albedo 알베도 반/입 E

$$\text{알베도} = \frac{\text{반사광 Energy}}{\text{입사광 Energy}}$$

알베도↑ : 반사가 잘 되는 재료

자연채광 계획시 Albedo 높은 재료 사용

일사반사율 (Solar Reflectance)

0 ~ 1

note

지구온난화대책(전기공급측면)

문) 지구온난화 대책 (전기공급측면)

1. 전력저장시설 확충
   BESS. SMES. 압축공기저장
2. 대체E 개발
   신재생E
   RPS Renewable E Portfolio Standard
   (발전회사에 신재생E 비율 의무할당)
3. 저탄소E 확대
   수력. 원자력. LNG발전. 지역난방
4. 동북아지역 계통연계
   한.中.日 계통연계
   各國의 최대부하 시간에 다른점 이용
   → 자연스런 부하이동 可

FMS

문) FMS

Facility Management System
주요설비 및 시스템운영의 필수요소를
(온도. 습도. 누수. 화재. 전력량)
실시간 감시
⇒ 돌발적 시스템운영 중단 : 예방
사고발생 時 : 신속대응 – 피해최소화

필수요소감시 → 예방 + 신속대응

BEMS-1

문) BEMS (Bldg Energy Management System)

1. 정의
   수집 → Monitoring → 분석 → 최적화. 제어
   건물內 각종 E정보 수집 (Sensor. 계측기)
   실시간 Monitoring
   분석
   E사용 최적화. 제어
2. BEMS의 기능
   ① Visual 표시 (화면에)
   감시 (기준값 입력)
   조회
   ② 분석 kWh. 억 ± E소비현황 분석
   설비성능. 효율분석
   실내외 환경정보 온습도 CO_2 조도
   ③ 관리 양방향 연동 E소비량 예측
   E 비용분석
   제어시스템 연동기능
3. 도입효과
   ① 경제적 : E절감 → 비용절감 → 건물가치↑

note

BEMS-2

② 시설적 : 설비운영시간 준물라 — 장비수명↑
관리인력, 적정유지可
③ 환경적 : CO_2 배출 감소
4. E 절약설계 기준 　　　 재실 요E
· 건물의 쾌적한 실내환경 유지
및 효율적인 E관리를 위하여
· E사용내역을 실시간으로 Monitoring하여
· 최적화된 건물E 관리방안을 제공하는
계측 제어 관리·운영 등이 통합된 시스템
M C M O
5. EPI
(의무사항) 공공건축물 이서의
"원격검침전자식계량기" 대체 가능
(성능지표)
BEMS or E용도별 Metering System 설치시
2, 2, 1, 1 기본배점(a) 부여

빌딩감시제어시스템-1

문) 빌딩 감시제어시스템
1. 개요
TC + OA 기반으로 BAS구축
Telecommunication + Office Automation
Building Automation System
⇒ Intelligent Building System
2. 목적(효과)
① 쾌적 office 환경
② E 절감 　　　 E쾌한 안정
③ 빌딩 경제성
④ 거주자 안전확보
3. IBS 기능 　 ㄱㄱㄱㅈ 　 MMRC
① 감시 Monitoring
② 계측 Measuring
③ 기록 Recording
④ 제어 Control
4. 시스템 종류 　 중앙/분산 감시제어S
① 중앙감시 제어시스템
장) · 사고발생시 조기감지 신속조치

빌딩감시제어시스템-2

人↓ 　 · 인력절감 → 운용비 절감
E↓ 　 · E절약 목표 적 달성
② 분산감시 제어시스템
DDC 확장 　 · DDC Unit추가 → 설비기능추가 여유
확장용이
安定 　 · 공사기간 단축. 시운전조정 Simple
· 전체적으로 경제적, 신뢰성향상
Maintenance 　 · 유지보수용이 Local에서처리
→ System전체 영향 없음
5. 대상설비
① 수변전설비 　 예비전원설비
② 조명설비
③ 공조설비 　　 ⑥ 반송설비
④ 급배수설비 　 ⑦ 유지관리 정보시스템
⑤ 방재설비 : 소화·경보·피난·방범
6. 최근동향
디지털 신호처리방식 분산감시제어S 으로 추진동향

note

ESS, UPS 비교

문) ESS. UPS 비교

ESS	UPS
대규모 전력저장 장치	무정전 전원공급 장치
기능. 필요성	
①효율적 전력사용	①연속 전력공급
②예비율 확보(단기)	②안정출력(V. f)
③고품질 전력	③고품질전력
구성	전원 — 컨 — 인 — ATS — 부하, 축전지
Battery	
BMS	
EMS	
PCS	
종류	
리튬이온전지	On-line 방식
레독스흐름전지	Off-line 방식
기타	
공공기관 1000kW ↑ 5% 권장	

ESS-1

문) ESS (Energy Storage System)

1. 정의

리튬전지와 같은 기존 중소형 2차전지 대형화, (회전E), (압축공기) 등 기타방식으로 대규모 전력을 저장하는 장치

2. 필요성 　효과

① 전력공급 부족 사태예방 → 효율적 전력사용
② 정전피해 최소화 → 단기 전력예비율 확보
③ 전력품질 안정화 → 고품질 전력확보

3. 구성

Battery
BMS 　Battery Manage. S 　배터리 성능발휘 제어
EMS 　Energy 〃
PCS 　Power Conversion S : AC⇄DC 변환

4. 2차 전지 종류 　　　　　방전시간

① 리튬이온전지(LiB) 　10년. 高価. 대용량✕. Minute
② 레독스흐름전지 (RFB) 　15-20. 저비용. 대용량○. hour

5. 사용범위

발전~ 송전~배전~소비자 各단계 이용가능

ESS-2

6. 공공기관 설치사항

1,000kW 이상건축 　5%이상 ESS 구축

「공공기관 E이용합리화 추진에 관한 규정」 제10조 (E수요관리 및 운용향상을 위한 전력수요관리시설 설치)의 규정을 적용받는 건축물

의무: 전기대체냉방 60% 이상
권장: 10,000㎡ 이상건축 　BEMS
　　　1,000kW 이상건축 　ESS 5%

note

UPS-1

문) UPS 무정전 전원공급장치

1. 개요 연속 안정 품질

Uninterruptible Power Supply

일반전원 or 예비전원 사용時의

이상전원을 방지하고

항상 안정된 전원을 공급하는 장치

2. 원리

① 상시 : 상용전원 공급받아 축전지에 충전하고 이를 변환하여 공급

② 비상시 : 정전 or 상용전원 낮아지면 축전지 통해 연속적, 안정적 전원공급

3. 구성

전원 — 컨버터(AC/DC) — 축전지 — 인버터(AC/AC) — 동기절체 스위치 — 부하

UPS-2

4. UPS의 종류

① On-line 방식 → 정상·비정상 同-운전

입력과 무관하게 인버터 구동하여 부하에 무차귀 전원공급

· 장점 : 무순단, 양질

· 단점 : 高價, 크기↑, 회로복잡, 전력소모

② Off-line 방식 → 정상·비정상 구분운전

정상시 : 상용전원을 직접 부하에 공급

비상시 : 인버터작동하여 Battery로 공급

· 장점 : 소형化, 회로간단, 상대적저가

· 단점 : 순단, 정밀전원 부적합

＊ UPS 기능 (연속)

① 정전시 전력공급

② 出力 전압, 주파수 (안정)도 ↑

③ 전력(품질)개선

note

에너지 목차

EPI 근거서류중 건축사/기술사 날인서류

문) EPI 근거서류中 건축사/기술사 날인서류

<건축사>

태양열취득률 계산서

자연채광면적확인서 (주차장 채광창)

면적비율계산서 (외기간접단열설치)

적용비율계산서 (기밀성능창문, 차양)

<기술사> 기계

설계용 외기조건 채택 근거서류

용량가중평균효율계산서 (난. 냉. fan. pump)

전기대체냉방 담당비율 계산서

보온시방서

<기술사> 전기

조명밀도계산서

전압강하계산서

적용비율계산서 LED비율. 대기전력, 조명자동제어

원격검침전자식계량기 설치관련도면

<기술사> 신재생

적용비율계산서 난방. 냉방. 급탕. 전기

탄소포인트제도

문) 탄소포인트 제도

1. 개요

정부 or 기업 등이

온실가스를 감축한 사람에게 감축한 만큼

point를 제공

⇒ 공공시설이용 요금 할인 및 감면혜택

2. 목적, 내용

- 온실가스 감축, 저탄소녹색성장에 대한 시민의식 참여확대

- "탄소캐쉬백"제도 라고도 함

- 이산화탄소배출량 [kg.CO_2]

= E원별 사용량[kwh] x 배출계수 [kg.CO_2/kwh]

- 시민참여 프로그램

건축부문 근거서류 : 의무사항

<건축부문-근거서류> 의무사항

1. 단열조치 준수, K값 의무사항 w/

건축물 단열성능 관계도면 (부위별 단열(단면)상세)

부위별 K계산서 (위 도면에 포함)

평면, 주단면, 창호도, 입면전개도

공인기관 시험성적서

2. 바닥난방 단열재 설치 3. 방습층설치

위 1항 첨부자료로 판단

4. 기밀성능창

창호일람표, 적용비율계산서 (건축사날인)

5. 차양

창호(차양) 일람표. 입면도 (남측. 서측)

단면도. 자동제어계통도 (자동제어차양 時)

적용비율계산서 (건축사날인)

6. 방풍구조

해당층 평면도

note

건축부문 근거서류 : 권장사항-1

<건축부문 근거서류> 권장사항

1.2.3. 평균 K
외벽(지붕, 최하층바닥) 열관류율 계산서

4. 외단열
외단열 면적비율계산서
단면상세도

5. 기밀성 창, 문
건축물 성능관계도면, 창호일람표,
적용비율 계산서

6. 개구부 개폐창
개구부면적비율 계산서, 창면적비율계산서

7. 야간단열장치
창호일람표, 면적비율계산서

8. 차양 左同

9. 외피 평균태양열 취득
창호(차양)일람표, 입면도
단면도, 자동제어계통도
면적산출계산서, 태양열취득량 계산서
(계산서에는 건축물명 기재, 건축사 날인)

건축부문 근거서류 : 권장사항-2

10. APT 주동출입구 방풍실, 회전문
해당층 평면도 cf. not 1층

11. APT 세대현관 방풍실
단위세대 평면도

12. 인동간격비
단지배치도, 인동간격비율 계산서

13. 지하주차장 채광용 개구부
지하주차장 평면도, 개구부확대평면도
자연채광면적 계산서 (건축사 날인)

14. 지하주차장 X 보상계수
건축물 평면도

기계설비별 근거서류

<기계설비별 근거서류>

1. 장비일람표
KS pump, 제어(Fan. Pump)
효율(난방설비, 냉방설비cop, 송풍기)
폐열회수, 외기냉방, 전기대체냉방
열원설비 대비다, 高양Boiler

2. 장비용량계산서
설계용 외기조건

3. 냉난방부하 계산서
설계용외기조건, 전기대체냉방

4. 자동제어 계통도
제어(Fan. Pump), 열원설비대비다
외기냉방, 개별난방

5. 용량가중 평균 효율/배점 계산서
난방설비, 냉방설비, 송풍기효율

6. 적용비율계산서 외기냉방, 폐열회수

7. 위생설비계통도 생활배수폐열회수

8. 열원흐름도 보상계수항목(지소소, 개별난방)

9. 보온시방서 단열(기기·배관·duct) 기술사날인

note

전기설비별 근거서류

<전기설비별 근거서류>

1. 장비일람표
   콘덴서, 전력신기술, UPS
2. 수변전설비 단선결선도
   고효율변압기, 변압기대수제어, DC, APFR
3. MCC 결선도
   전동기별 콘덴서
4. 전력간선계통도
   층별, 임대구획별 전력량계
5. 전력자동제어설비 계통도
   변압기대수제어, DC
6. 자동제어시스템 계통도
   E용도별M시스템, 분산제어시스템, 창호연계
7. 전열설비 평면도
   대기전력, 콘센트
8. 전기용량 계산서
   대기전력, 콘센트, 실내조명 자동제어설비, LED (기술사날인)
9. 전력신기술 인증서, E사용계획서 전력신기술
10. 전압강하 계산서 전압강하 기술사날인

조명설비관련 근거서류

<조명설비 관련 근거서류>

11. 조명기구 상세도
    최저 소비효율 조명기기
12. 전등설비 평면도
    부분조명, 일괄소등, 조도자동조절, LED
13. 옥외 외등설비 평면도
    옥외등 HID, LED
14. 조명 자동제어설비 계통도
    실내조명 자동제어설비
15. 조명부하계산서
    LED
16. 조명밀도 계산서
    조명밀도
17. 홈네트워크 평면도
    도어폰, 홈게이트웨이
18. E원별 원격검침 전자식 계량기 설치 관련 도면
    원격검침 전자식 계량기

신재생 근거서류

<신재생 근거서류>

	난	냉	급	전
장비일람표	○	○	○	
부하계산서	○	○	○	
적용비율계산서 (기술사날인)	○	○	○	○
신재생설비구성도				○
단선결선도				○
신재생장비일람표 및 계통도				○

note

건축관련 용어설명-1

건축관련 용어설명

[예비인증]

건축물의 완공 前이 설계도서 등으로

인증기관에서

건축물 E효율등급인증, 녹색건축인증:

건축물 인증을 받는 것

[본인증]

신청건물의 완공후에

최종설계도서 및 현장확인을 거쳐

최종적으로 인증기관에서

위2가지 인증을 받는 것

[의무사항]

건축주·설계자가 설계시 필수적으로 적용해야 하는

[권장사항]

〃 〃 선택적으로 적용가능한

[외피]

거실 or 거실外공간을 둘러싸고 있는

벽·지붕·바닥·창 및 문으로서

외기에 직접 면하는 부위

건축관련 용어설명-2

[방습층] ☆

습한 공기가 구조체에 침투하여

결로발생 위험이 높아지는 것을 방지하기 위해

설치하는

투습도 24시간당 $30g/m^2$ 이하

or 투습계수 $0.28g/m^2 \cdot h \cdot mmHg$ 이하의

투습저항을 가진 층.

단열재 내측에 사용되는 마감재가 방습층으로서

요구되는 성능을 가지는 경우에는

그 재료를 방습층으로 볼 수 있다.

[방풍구조]

출입구에서 실내외 공기교환에 의한 열출입을

방지할 목적으로 설치하는 방풍실 or 회전문

[거실]

건축물 안에서 거주·집무·작업·집회·오락 기타

이와 유사한 목적을 위해 사용되는 방.

이 기준에서는 거실이 아닌 냉·난방공간도 포함

cf. 거주 : 단위세대 內 욕실, 화장실, 현관 포함.

건축관련 용어설명-3

건축관련 용어설명

[일사조절장치]

태양열의 실내유입을 조절하기 위해 설치하는 장치

[차양장치]

태양열의 실내유입을 저감하기 위해 설치하는 장치

설치위치별 : 외부차양, 내부차양, 유리간사이차양
0.34 0.88 0.5

가동유무별 : 고정식, 가변식 SHGC

[태양열취득률(SHGC)]

유입된 태양열취득 / 입사된 태양열

[투광부] ☆

① 창, ② 문 면적의 50% 이상이 투과체로 구성된 문,

③ 유리블록, ④ 플라스틱패널 등과 같이

투과재료로 구성되며,

외기에 접하여 채광이 가능한 부위

[야간단열장치] ☆

창의 야간열손실을 방지할 목적으로 설치하는

단열셔터, 단열덧문으로서

총열관류저항이 $0.4 m^2 \cdot K/W$ 이상인 것

note

건축관련 용어설명-4

[외단열] EPI 4666 / 70% 60 50 40 30

단열재를 구조체 외기측에 설치하는 단열방법.

모서리부위를 포함하여 시공하는 등 열교차단한 경우

외단열설치비율

· 외기에 직접 or 간접으로 면하는 부위로서

· 외단열 시공면적 ÷ 단열시공이 되는 외벽면적

(창 & 문 제외)

창 및 문의 면적비가 50% 미만일 경우 점수부여

[외기에 간접면하는 부위]

① 외기가 직접 통하지 않는 비난방공간에 접한 부위

(지붕 반자·벽체·바닥 구조의 일부로 구성되는

내부공기층 제외)

② 외기가 직접 통하는 구조이나, 실내공기의 배기를

목적으로 설치하는 shaft 등에 면한 부위

③ 지면 또는 토양에 면한 부위

[외기에 직접 면하는 부위]

바깥쪽이 외기이거나

외기가 직접 통하는 공간에 면한 부위

효율등급 용어설명-1

효율등급 용어설명 ☆☆

[에너지 요구량]

· 건축물의 (냉방)(난방)(급탕)(조명) 부문에서

표준설정조건을 유지시키기 위하여

해당 공간에서 필요로 하는 E량

· 건축물의 냉방·난방·급탕·조명 부문에서

요구되는 E량

[에너지 소요량]

· E 요구량을 만족시키기 위하여

건축물의 냉방·난방·급탕·조명·(환기) 부문의

설비기기에 사용되는 E량

· 건축물에 설치된 냉방·난방·급탕·조명,

환기시스템에서 드는 E량

[1차 E 소요량]

· E 소요량에

연료의 (채취)(가공)(운송)(변환)(공급) 과정 등의

손실을 포함한 E량

[1차 E 환산계수] 전생연운

· 전력생산 및 연료의 운송 등에서

효율등급 용어설명-2

손실되는 손실분을 고려하기 위해

적용하는 계수

· (연료) 1.1

전력 2.75

지역냉방 0.728

지역난방 0.937

[인증기준]

· 건축물E효율등급 인증기준 (별표)

· 인증기준은 별표를 따르며,

냉난방부하 계산기준	ISO 13790 등 국제규격에 따라 난방·냉방·급탕·조명·환기 등에 대해 (종)합적으로 (평)가하도록 (제)작된 p으로 산출된 「연간 단위면적당 1차E 소요량」으로 한다

· 냉방설비가 없는 주거용건축물은

냉방평가항목을 제외

· 신재생E 생산량은 E소요량에 반영되어

효율등급평가에 포함

note

건축물 E효율등급 인증규칙

[건축물 E효율등급 인증규칙]

1. 목적 : 다음을 규정함이 목적
   ① 인증대상 건축물 종류
   ② 인증기준 및 인증절차
   ③ 인증유효기간, 수수료
   ④ 인증기관 및 운영기관 지정기준, 절차, 업무범위
2. 적용대상
   ① 단독주택
   ② 공동주택, 기숙사
   ③ 업무시설
   ④ 그외 용도中 냉방or 난방면적 500㎡이상

[건축물 E효율등급 인증기준]

(인증기준)

ISO 13790 등 국제규격에 따라 난방, 냉방, 급탕, 조명, 환기 등에 대해

종합평가 종합적으로 평가하도록 제작된 P/G으로 산출된 연간 면적당 1차 E소요량으로 한다.
(단위)

건축물 E효율등급 인증제도 운영규정

[건축물 E효율등급 인증제도 운영규정]

(1차 E 환산계수)

전력생산 및 연료운송 등에서 손실되는 손실분을 고려하기 위해 적용하는 계수

연료 1.1 전력 2.75 지역난 0.728 지냉 0.937

(E요구량)

건축물의 냉방, 난방, 급탕, 조명 부문에서 표준설정조건 유지위해 해당공간에서 필요한 E량

(E소요량)

E요구량을 만족시키기 위해 건축물의 냉, 난, 급, 조, 환 부문의 설비기기에 사용되는 E량

(인증관리시스템)

인증신청, 수수료납부, 접수, 평가, 인증서 발급, 민원처리, 인증통계, 민원관리, 인증기관관리 등 인증절차 전반을 관리하는 전산시스템

(1차E 소요량)

E소요량에 연료의 채취, 가공, 운송, 변환, 공급과정 등의 손실을 포함한 E량

건축물 E효율등급 인증서 구성

문) 건축물 E효율등급 인증서 구성

건축물개요 주소, 연도, 구조, 층수 면적, 용도, 설비사항	인증개요 인증 E평가자, 인증기관, 운영기관, 유효기간 인증등급

(좌측 표기: 참고)

건축물 E효율등급 평가결과
- E요구량 : 수치표시
- 1차E소요량 : 등급표시
- CO_2 배출량 : 수치표시

E용도별 평가결과
- 5개용도
- E요구량 / 소요량 / 1차E소요량 / CO_2 배출량

인증기관의 長 (직인)

1. 건축물개요
2. 인증개요
3. 인증등급
4. 건축물 E효율등급 평가결과
5. E용도별 평가결과

note

건축물 E효율등급 인증기준 및 절차-1

문) 건축물 E효율등급 인증 기준 및 절차

1. 정의
   국토교통부, 산업통상자원부 공동령인 「건축물 E 효율등급 인증에 관한 규칙」에 따라 인증을 받는 것
2. 인증대상 건축물
   단독주택, 공동주택, 기숙사, 업무시설 그외 냉방 or 난방면적 500m²이상 건축물
3. 인증종류 및 신청시점
   ① 예비인증 : 완공前 설계도서로 인증 (건축허가후)
   ② 본인증 : 완공後 최종설계도서 및 현장확인 (사용승인후)
   단, 제도적, 재정적 지원 or 의무적 인증시 건축허가前, 사용승인前 신청 可
4. 인증절차
   ① 건축주(or 건축물소유자 or 사업주체 or 시공자)가 인증기관 長에게 신청 (20日內 유본서류 미제출 — 제출 보완시 접수 / 접수일 미납부時 신청반려)
   ② 인증기관 長은 서류심사 및 현장실사 후 인증평가보고서 작성
   ③ 인증기관 長이 인증평가보고서 결과에 따라

건축물 E효율등급 인증기준 및 절차-2

인증여부 및 인증등급 결정 (신청서 접수일부터 처리기간 50일, 단독, 공동주택은 40일, 20日이내 1차례 연장가능)
   ④ 인증서 발급 : 유효기간 10年
   (cf. 준공후 3年 경과 건축물 인증時는 E효율개선방안을 제공해야 함)
5. 인증기준
   ① 냉방, 난방, 급탕, 조명, 환기用 1차E 소요량 평가 (kWh/m²·년)
   ② 주거用, 주거用 외로 나누어 1+++ ~ 7의 10개 등급
6. 사후관리
   ① 소유자, 관리자는 인증기준에 맞도록 유지, 관리해야.
   ② 인증기관 長은 필요시 국토부, 산자부 장관 승인후 정상가동 여부 확인 가능
   ③ 사후관리범위 : E 사용량 조사
   국토부, 산자부장관 요청사항

※ 등급 (kWh/m²·年)

주거	60미만	30등(3개)	40등(3개)	50등(3개)
비주거	80미만	60등(5개)	70등(2개)	90등(2개)

15% 완화조건 : ZEB 시범사업 + 1++ 등급 이상

E효율등급 인증신청후 제출서류

주) E효율등급 인증 신청 후 제출서류
1. "인증관리 시스템"에서 인증신청서 제출
2. 인증신청후 20日 內에 다음 각호의 유본서류 및 전자기록매체 제출
   ① 각종 설계도면 (최변경시 전자도서도)
   ② 건축물 부위별 성능내역서
   ③ 건물 개요
   ④ E소비용량 계산서
   ⑤ 조명밀도 계산서
   ⑥ 설계변경확인서 및 설명서
   ⑦ 예비인증서 사본
   ⑧ 건축물E효율등급 평가用 Data sheet
      1. 부위별 성능내역서 관련 Data Sheet
      2. 건물개요 〃 〃
      3. 공조 〃 〃
      4. 태양광, 태양열, 지열 〃 〃
      5. 조명밀도 계산서
      6. 배관길이 계산서
   ⑨ 시방서 및 인증서 등 기타 인증에 필요한 서류

note

E이용합리화조치 기준 제2조

E이용합리화조치 기준제2조 (건축물의 열손실 방지 등)

E이용합리화조치 대상행위
- 건축
- 대수선
- 용도변경
- 건축물대장 기재내용변경

E이용합리화조치 대상 제외행위
- 열손실 변동 없는 증축
- 대수선
- 용도변경
- 대장 기재내용변경

E이용합리화조치 내용
1. 별표1 (K기준), 별표3 (T기준) 준수
   + 단열조치일반사항은 건축부문의무사항 준수
2. 설계 時 E가 합리적으로 이용되도록

E이용합리화조치내용 1의 예외
1. 창고. 차고. 기계실 ∩ 거실× ∩ 냉난방×
2. 냉난방× ∩ 건물내부 외기개방 사용

기준제6조(건축부문의 의무사항)

기준 제6조 (건축부문의 의무사항) 306조기

1. 단열조치 일반사항
2. EPI 건축1번 0.6이상
3. 바닥난방 단열재설치 R' ≥ 0.6 R
4. 기밀 및 결로방지 조치 — 이음부, 방습층
5. 14조2 공공건축물 차양 0.6이상

1. 단열조치 일반사항
- 가. 별표1, 별표3 준수 — 외기 직간접 거실각부위
- 나. 평균K의 적용
- 다. 단열기준 적합 여부 판단 방법
- 라. 별표1의 λ는 KOLAS시험성적서 사용
- 마. 70° 초과시 외벽
- 바. 바닥난방 ○ F× : 외기간접

다. 단열기준 적합여부 판단
1) 별표3 T이상 KSF 2277
2) K값 측정치 전체 구성재료와 동一한 시료
3) K값 계산치 구성재료의 λ로 계산
4) 창문 : KOLAS시험성적서 / 별표4 / 창세트 K값 (산업통상부 / 에너지효율등급 / 표시)
5) K, R은 소수 3자리

열손실방지조치 예외 / 출입문방풍구조 예외

→ 평균 K계산時 별표1 외기직접 K값 적용

< 열손실방지조치 예외 >
1. 지표면아래 2m 초과위치 지하부위
   + 이중벽설치 등 하계표면결로 방지 조치
   (단, 공동주택 거실부위 제외)
2. 지면 및 토양에 접한 바닥부위
   + 난방공간 외벽 내표면까지 거리 10m 초과
3. 외기 간접면
   + 비난방공간 외피 별표1 기준 단열
4. 공동주택 층간바닥中
   바닥난방× 현관 욕실바닥
5. 방풍구조 출입문
   바닥면적 150m² 이하 개별점포출입문

<출입문 방풍구조 예외> 구인 3112
1) 300m² 이하 개별점포출입문
2) 주택출입문 (기숙사제외)
3) 사람 통행이 주목적이 아닌 출입문
4) 폭 1.2m 이하 출입문

note

EPI중 고효율요구항목

문) EPI中 고효율 요구 항목

1. 전기
   - 옥외등 HID, LED — 고효율조명기기
   - LED — 고효율E 기자재 인증제품
   - 무정전 전원장치, 난방用 자동온도조절기 — 고효율E 기자재 인증제품
2. 기계
   - 기타난방설비 — 고효율 인증제품(1案)
   - 기타냉방설비 — 〃
   - 폐열회수형환기장치 — 고효율E기자재 인증제품
   - 급탕用 Boiler — 고효율E기자재(1案)

외기에 간접 / 직접 면하는 부위

문) 외기에 간접면하는 부위 비지배비 ☆☆

① 외기가 직접 통하지 않는 비난방공간에 접한 부위 (비난방 배기지면 Balcony)
(비난방창고. 계단실. Elev shaft. Duct. 기계전기실)

② 외기가 통하나, 배기用 Shaft에 면한부위

⑤ 지면 or 지면의 토양에 면한 부위

④ 공동주택의 창이 설치된 발코니나 다용도실에 면한 부위

문) 외기에 직접면하는 부위 — 창문 유입 지붕 Ramp (라지유창 ×)

① 창·문 ×
외부공기 출입가능 공간에 면한 부위

② 외부공기 유입통로에 면한 부위

③ 외기 통하는 지붕(바로) 하대쪽 천창 or 벽자

④ Ramp 식 지하주차장에 면하는 거실부위

(용어정의) 바깥쪽이 외기이거나 외기가 직접통하는 공간에 면한 부위

제7조(건축부문의 권장사항)-1

제7조 (건축부문의 권장사항)

1. 배치계획
2. 평면계획
3. 단열계획
4. 기밀계획
5. 자연채광계획
6. 환기계획

1. 배치계획
   - 대지의 향. 일조. 주풍향 고려배치
     남향 or 남동향
   - 공동주택, 인동간격, 넓게 EPI
2. 평면계획
   - 벽자 낮게
   - S/V, S/F 낮게
   - 기능. 용도別 수평 수직 Zoning
3. 단열계획 (t 외피 강도 아차옥)
   - 가. 기준두께 보다 두꺼운 단열재 EPI
   - 나. 외단열 EPI
   - 다. 열교방지: 외피모서리 단열재 연속

note

제7조(건축부문의 권장사항)-2

자. 창호 작게, 북측 최소화

마. Low-E 복층창, 3중창 APT측창, 문창

바. 야간단열장치 EPI

사. 태양열 유입 냉난방부하 저감 설계

일사조절장치, SHGC, 창면적비, 차양 EPI

아. 옥상조경

4. 기밀계획
- 기밀성 창 및 문 EPI
- 주동출입구, 현관 : 방풍구조(APT) EPI

5. 자연채광계획
- 1면이상 자연채광 : 교실, 문화 집회 공용부분
- APT 지하주차장 $2m^2$@$300m^2$ EPI
- 수영장 채광개구부 ≥ 1/5×바닥 EPI
- 창에 일사조절장치

6. 환기계획
- 개폐가능 창 ≥ 거실외주부 × 1/10 EPI
- 문화 집회 등 대공간 or 아트리움 상부
  : 자연배기 or 강제배기 가능구조

EPI 건축권장사항중 비주거only/주거only

문) EPI 건축권장사항中 비주거 only / 주거 only

1. 비주거만 해당항목

① 냉방부하 저감을 위한 거실 외피면적당 평균 태양열 취득

: 배점 W/m^2 지정

14미만 1점, "+5씩미만" 증가

2. 주거만 해당항목 — 현주야 안출

① 유리창 [야간단열장치] 설치

: 전체 창면적의 20% 이상 적용여부

② 외기 면한 (주동출입구)에 [방풍실] 또는 회전문 설치 : 적용여부

③ 공동주택, 각세대 (현관)에 [방풍실] : 적용여부

④ 대향동 H에 대한 인동간격비

: 1.2이상 1점 ..... 1.0이상~1.05미만 0.6점

⑤ 공동주택, 지하주차장에

、300m^2 이내마다 $2m^2$ 이상 채광용 개구부 설치

、조명설비 주위 밝기 따라 전등군별 자동점멸 or Schedule 제어 가능토록

⑤ 지하주차장 없는 경우 반영점수

단열조치 적합판단

문) 단열조치 적합판단 ☆☆

(의무사항에 연습)

두께 ① 지역별·부위별·단열재등급별, 허용두께 이상 時
(기준의 별표3) 「단열재의 두께」

시료시험 측정 ② 부위별 전체구성재료 시료의 시험결과
지역별건축물부위의 열관류율표(별표1) 만족時
공기층두께 固– + 시료보다 두께↓ : ok
공기층없는 시료 → 설치시 공기층추가 : ok

λ계산 ③ 구성재료의 λ로 열관류율 계산 결과,
별표1 만족時
(단) λ는 KOLAS 인정마크 있는 시험성적서값 사용

④ 창·문

성적서 i) KOLAS 인정마크 시험성적서 별표1 만족여부

별표 ii) 별표4(창 및 문의 단열성능)의 K값 "

창set K iii) "효율관리기자재운용규정"上 창세트 K표시값 "

위 3개中 하나가 별표1 만족時 적합판단

⑤ K, R은 소수3자리로 맺음 (4자리 반올림)

note

건축부문 권장사항중 단열계획

문) 건축부문 권장사항中 단열계획 ☆☆

① 기준 단열두께 보다 두껍게
② 외단열
③ 열교방지 외피와의 단열재 연속설치
④ 창·문 가능한 작게
⑤ 발코니 확장 APT / 창·문 면적 큰 건물) Low-E 복층창 or 3중창 이상 설치
⑥ 야간단열장치 숙박시설 및 공동주택
⑦ 태양열유입 냉방부하 저감 설계
일사조절장치, 태양열투과율, 창면적비 고려 설계
⑧ 옥상조경

EPI 창, 문 관련규정

문) EPI 창문 관련규정

<의무사항> 2개 방풍구조, 기밀성능창

⑤ 외기에 직접 면하고, 1층 or 지상으로 연결된 출입문은 방풍구조로

⑥ 거실의 외기에 직접 면하는 창은 기밀성능 1~5등급 (통기량 5m³/h.m² 미만) 창 적용

<성능지표> 7개 기밀성창문, 야간단열장치, 차양…

5. 기밀성 창 및 문의 설치 (KSF 2292에 의한 기밀성 등급 및 통기량(m³/hm²)
가중평균 적용. 열손실방지예외 창문은 제외

6. 자연채광용 개구부 (수평창) 1/5 이상 1/10 건축물)
주된 거실이 개폐가능한 외기에 면한 창설치 기타

7. 유리창에 야간단열장치 설치 20% 이상

8. 냉방부하저감을 위한 차양장치 설치
(냉방 및 사용거실의 투광부면적에 대한 차양장치설치비율

10. 외기면한 주출입문에 방풍실 or 회전문

11. 공동주택 각 세대현관에 방풍실

13. 공동주택 지하주차장 2m² 채광창 @ 300m²

창 및 문의 단열성능순서

문) 창 및 문의 단열성능 순서
(안 좋은 순으로)

	복층창	일반복층창	
아르곤주입 로이 창	〃	아르곤주입	
	〃	로이유리(하드코팅)	
	〃	로이유리(소프트코팅)	
	〃	아르곤주입 + 로이유리(하드코팅)	
	삼중창	일반삼중창	
	복층창	아르곤주입 + 로이유리(소프트코팅)	
	삼중창	아르곤	
	〃	로이(하드)	일반4중창
	〃	로이(소프트)	
	〃	아르곤+로이(하드)	4중창 아르곤
	〃	아르곤+로이(소프트)	4중창 로이(하드)
	4중창	로이(소프트)	
	〃	아르곤 +로이(하드)	
	〃	아르곤+로이(소프트)	

note

E절약설계기준상 창, 문 관련규정-1

문) E절약설계기준上 창·문 관련 규정 ☆☆

<설계기준> 용어설명

EPI 권장 ① 방풍구조 : 출입구에서 실내외 공기교환에 의한 열출입 방지목적 방풍실 or 회전문

② 기밀성창, 기밀성문 창 및 문으로서

1+4 권장 (1~5등급 EPI의무) KSF 2292 규정에 의하여 기밀성등급 1~5등급 (통기량 5㎥/h.㎡미만)

③ 투광부

、창

문면적의 50%이상이 투과체로 된 문

유리블럭

Plastic Panel 등과 같이

、투과재료로 구성되며, 외기에 접하여 채광이 가능한 부위

④ 창문 연계 냉난방설비 자동제어 시스템

창문개방시 센서가 이를 감지해 자동으로 해당실 냉난방공급 차단하는 시스템

E절약설계기준상 창, 문 관련규정-2

<설계기준> 건축의무 ☆☆☆

① 단열기준 적합여부

、창 및 문의 경우

a、KSF 2278 (창호의 단열성 시험방법)에 의한 국가공인시험기관의 KOLAS 인정 마크가 표시된 시험성적서

b、or 별표4의 K값 「창및문의단열성능」

c、or 「효율관리기자재 운용규정」에 따른 창세트의 열관류율 표시값

⇒ a, b, c 중 1이 별표1의 K값기준 만족 여부

EPI 의무 ② 외기에 접하는 1층 or 지상으로 연결된 출입문은 방풍구조.

(예외) 300㎡ 이하 개별점포출입문

주택의 출입문 (단, 기숙사제외)

사람통행 주목적 아닌 출입문

너비 1.2M 이하 출입문

E절약설계기준상 창, 문 관련규정-3

<설계기준> 건축권장 ☆☆☆ 小E 夜自然 (소E야자환)

① 창·문은 가능한 작게 설계.

특히 열손실 많은 북측거실 창·문면적 최소화

② Low-E복층창 or 삼중창 이상설치

: 발코니확장 공동주택, 창·및 문 면적이 큰 건물

EPI 권장 ③ 단열셔터 등 야간단열장치 설치

: 야간난방 하는 숙박시설 및 공동주택 창

④ 자연채광 계획

가. 자연채광 적극 이용 계획

ex) 오피스텔, 숙박시설의 공용부분 : 1면이상 채광

EPI 권장 나. APT 지하주차장

300㎡ 이내 1개소 2㎡ 개폐창 (B1F)

EPI 권장 다. 수영장 자연채광 ≥ 1/5A.

라. 일사조절장치 설치

차폐 / 채광 / Low-E / 개폐

EPI 권장 ⑤ 환기用 개폐창

거실 외주부 바닥면적의 1/10 이상

(개폐되는 창부위의 면적)

note

EPI 창, 문 규정

문) EPI 창·문 규정 ☆☆

<의무사항>

- 외기에 직접면하는 창 : 기밀성능 1~5등급 (통기량 5m³/h·m² 미만)
- 외기에 직접면하는 1층 또는 지상으로 연결된 출입문은 방풍구조

<권장사항>

- 기밀성 창, 문 설치 (KSF 2292에 의한 기밀성등급, 통기량)
- 수영장 자연채광用 개구부 1/5 (바닥면적의) 거실 개폐가능 외기면한 창 1/10 (외주부 면적의)
- 야간단열장치 20%
- 외기면한 주동출입구 : 방풍실 or 회전문
- 세대현관문 방풍실
- APT 지하주차장 (B1F) 창

창호 E소비효율등급제도

문) 창호 E소비 효율등급제도

1. 효율관리 기자재
   보급량이 많고
   그 사용량이 상당량의 E를 소비하는 기자재 中
   E이용합리화에 필요하다고 지경부 장관이
   인정하여 지정한 E사용기자재
2. 창세트의 「효율관리기자재」 신규지정
   2012 창세트의 E소비효율등급제도 시행
   1~5등급, 세계최초
3. 창세트 등급기준

등급	K [W/m²·K]	기밀성 (측정지표 → 10Pa 압력차시)
1등급	K ≤ 1.0	1등급
2등급	1.0 < K ≤ 1.4	통기량 1m³/h·m² 미만
3등급	1.4 < K ≤ 2.1	2등급이상
4등급	2.1 < K ≤ 2.8	묻지않음
5등급	2.8 < K ≤ 3.4	

최저 소비효율기준 (최대K 기준) : 3.4 [W/m²·K]

창 및 문의 단열기준 적합여부판단

문) 창 및 문의 단열기준적합 여부판단

E절약설계기준	E효율등급인증제도 운영규정
별표4 K값	별표4 K값
KOLAS 시험성적서	KOLAS 시험성적서 2개
효율관리기자재운영규정 창세트 K표시값	창세트 「효율관리기자재 신고확인서」
	KOLAS 시험성적서 + 창호성능확인서

단열기준 적합여부판단 (인증평가세부기준)
위 값이 별표의 K기준 만족時 적합으로 판단

문) 가정用 Gas Boiler 소비효율등급

등급	R	대기전력
1	91% 이상	3.0W 이하
2	88 ³	묻
3	85 ³	지
4	81 ⁴	않
5	76 ⁵	음

- 가정用 G.B는 2010 이후 고효율인증대상에서 제외 → 효율관리기자재로 전환

R : 소비효율등급 부여지표 = 당해 모델의 난방열 효율(%)
= (전부하열효율 + 부분부하열효율) ÷ 2 − 4P

note

차양장치-1

문) 차양장치 ⓒ 계산문제 ☆

1. 개요(정의)
   - 태양열의 실내유입을 저감하기 위해 설치
   - 설치위치에 따라 외부차양, 내부차양, 유리간사이차양
   - 가동유무에 따라 고정식, 가변식
2. E 성능지표 항목
   - 건축 8번항목
   - 냉방부하 저감을 위한 차양장치 설치 (냉방 및 서향 투광부 면적에 대한 차양장치 설치 비율)
   - 기본배점 : 4/2/2/2
   - 태양열취득률 0.6 이하 차양장치 설치 비율 10% 이상부터 배점, 80% 이상시 만점
3. 평점 산정순서 — 서북서~남동남
   - ① 남, 서창 투광부 면적 재계 (135° 범위)
   - ② 돌출길이(P) / 차양~투광부하단(H) 확인

P, H 0.0 0.2 0.4 0.6 0.8 1.0

춘추분 차양길이 tan(위도)

하지 tan(위도-23.5)

차양장치-2

③ 수평차양, 수직차양 별 ②항의 비율 별 방위별 태양열취득률 확인

④ 태양열취득률 0.6 이하 창면적 재계

⑤ ④÷① 비율 계산

⑥ 비율에 따라 배점확인

⑦ ⑥배점 × 기본배점(a) = 평점

4. 가동형차양의 설치위치 별 태양열취득률
   - 유리 외측 : 0.34
   - 유리·유리사이 : 0.5
   - 유리내측 : 0.88
   - (기술인증)
   - (시험성적서 값 적용원칙, 없으면 上記값 적용)
5. 공공건축물 의무규정
   - E 성능지표 8번항목 0.6점 이상 취득
   - 건축물 E 효율 1+등급 이상 시에는 예외

방습층 인정구조

문) 방습층 인정구조 ☆☆

① 마감재
   - 금속재(AL박)
   - 타일마감
   - 몰탈마감된 조적벽

② 구조체
   - conc 벽, 바닥 or 지붕

③ 단열재, 시트
   - 현장발포 단열재
   - plastic계 단열재 + 이음새 투습방지처리
   - 0.1mm 이상의 PE film
   - 투습방수시트

④ 기타
   - 내수합판 등 투습방지처리된 합판 + 이음새 투습방지되게 시공

투습도 $30g/m^2 \cdot 24h$
투습계수 $0.28g/m^2 \cdot h \cdot mmHg$
) 이하

note

바닥난방에서의 단열재 설치기준

문) 바닥난방에서 단열재 설치기준

1. 단열재위치
   온수배관하부와 slab사이에 설치
   → 바닥난방 열의 손실방지
2. 열저항 기준
   온수배관 하부와 slab사이 재료 열저항 R'
   해당바닥이 요구되는 열저항 R (별표의 역수)
   R' ≥ 0.6R (중간바닥)
   R' ≥ 0.7R (최하층 바닥)
3. 예외규정 (단열재 위치)
   - 바닥난방하는 욕실 및 현관부위
   - slab축열을 직접이용하는 심야전기이용 온돌

R' R 요구되는 열저항

제8조(기계부문의 의무사항)

제8조 (기계부문의 의무사항)

1. 설계용 외기조건
   위험율 2.5% or 위험율 1% or 별표)
   지역난방 : 「집단E시설의 기술기준」 !
2. 열원 및 반송설비 APT/pump/보온
   가. APT 중앙난방 :
   「주택건설기준 등에 관한 규정」 준수
   나. pump : KS 표시인증제품
   or KS 규격이상의 제품
   다. 기기배관 및 Duct 보온
   : 「건축기계설비공사 표준시방서」 이상
3. 축기대체냉방 60% 이상
   「공공기관 E이용합리화 추진에 관한 규정」
   제10조의 규정을 적용받는 건축물
4. 기계 EPI 1, 2번 0.9점 이상
   제14조2 해당 공공건축물의
   건축 or 리모델링

제9조(기계부문의 권장사항)-1

제9조 (기계부문의 권장사항)

1. 설계用 실내온도조건
   난방 20°C. 냉방 26°C (목욕장, 수영장제외)
2. 열원설비 부대설비
   ✓가. 부분부하 & 전부하 운전효율 좋은 것
   나. 대수분할, 비례제어 운전 EPI
   다. 라. 냉난방기기 : 고효율인증 or E소비효율등급 高 EPI
   마. 열회수설비 + by-pass EPI
   바. 축기대체냉방 EPI
3. 공조설비
   가. 외기냉방시스템 EPI
   나. 공조기 fan에 E절약적 제어방식 EPI
4. 반송설비 가변익축류 흡입베인제어 가변속제어
   가. 난방순환수 p : 대수제어, 가변속제어 EPI
   나. 급수 p. 가압급수p 전동기 : 가변속제어 EPI
5. 환기 및 제어설비
   ✓가. 외기도입최소화 (청정실 등 外)
   나. 폐열회수형 환기장치 EPI
   다. 지하주차장 환기用 fan : E절약 제어방식 EPI

note

제9조(기계부문의 권장사항)-2

대수제어

풍량조절(가변익, 가변속도)

일산화탄소 농도 자동(on-off) 제어

6. 위생설비 등

✓ 가. 급탕 저탕조 55°C 이하

필요시 부스터히터 승온

✓ 나. E사용설비에

자동제어 시스템

E제어 시스템

분산제어 시스템

cf. 개별 냉난방 방식 　　모스피 있는가요?

실내기가 집합 or 중앙식으로 제어되는 sys을 포함한 경우로

중앙에서 Monitoring가능 Schedule제어 Peak전력제어가 가능하고

인버터방식 or 용량가변방식 등을 이용한

가변속제어 or 용량제어가 가능한 경우에 한함

(단, 공동주택은 그러하지 아니하다)

제10조(전기부문의 의무사항)

제10조(전기부문의 의무사항)

1. 수변전설비 　신설·교체시 고효율변압기 　표준소비효율기준 이면 해당됨

2. 간선 및 동력설비

전동기별 역률개선 콘덴서 (소방·비상·제외)

전압강하 내선규정 준수

3. 조명설비

가. 안정기내장형 Lamp. 형광 Lamp는

최저소비효율기준 만족제품 채택

유도등·주차장 : 고효율인증 LED사용

나. 조도자동조절 조명기구

다. 부분조명 점멸회로

라. 일괄소등스위치 　전기용품 안전인증 받은제품

4. 대기전력 자동차단 장치 　대기전력저감우수제품 이어야 함

가. APT : 　거실 1개이상 　차단콘센트 30%이상

나. APT외 : 차단콘센트 30%↑

(OA Floor 등 자동절전 멀티탭 OK)

5. 원격검침 전자식 계량기

전력·가스·지역난방 中 1개 이상에 대해

(BEMS, E용도별 미터링시스템도 OK)

제11조(전기부문의 권장사항)-1

제11조(전기부문의 권장사항)

1. 수변전설비

2. 동력설비

3. 조명설비

4. 제어설비

5. 도어폰·홈게이트웨이

1. 수변전설비

가. 부하특성·수용율·장래부하증가 여유율·운전조건

배전방식고려 → 변전설비 용량 산정

나. 변압기 대수제어 (뱅크)구성 EPI

다. 손실최소화 변압방식 채택

수전전압 25kV 이하 : 직접강압

라. 최대수요전력 제어설비 Demand Control EPI

마. 역률자동조절장치 APFR EPI

바. 층별·임대구획별 전력량계 EPI

2. 동력설비

가. Elev. 구동전동기 : E절약적 제어방식

나. 고효율 유도전동기 　소방용 제외

note

제11조(전기부문의 권장사항)-2

3. 조명설비

가. 옥외등 : 고효율 인증 HID or LED EPI
 점멸회로 – 격등점등, 자동점멸기

나. APT지하주차장 + 채광거부 E측 건축EPI
 밝기감지 군별 자동점멸 or 스케줄제어

다. LED는 고효율 EPI

라. 백열전구 사용X

마. KS A 3011 작업면 표준조도 확보

4. 제어설비

가. 여러대 Elev : 군관리 운행방식

나. FCU : 방위별, 실용도별 통합제어

다. 수변전설비 — 자동제어설비 채택

라. 실내조명설비 : 군별·회로별 자동제어 EPI

마. 창문연계 냉난방 자동제어 시스템 EPI
 숙박시설·기숙사·학교·병원

5. 도어폰 홈게이트웨이
 대기전력저감 우수제품 EPI

EPI기계설비 보상점수-1

문) EPI 기계설비 보상점수 (16번항목)

1. 지역난방 or 소형가스 열병합발전 시스템
 + 소각로활용 폐열시스템 채택시 (1.난방설비 8.열원설비 대수분할 대한)
 기본배점 10, 8, 12, 9 부여 (이 대는 비항)

(조건)

① 지역난방
 소형가스열병합발전
 소각로활용 폐열시스템
) 난방설비용량의 60%이상적용

① 전체 난방설비용량 계산시
 지열 등 신재생용량은 제외

② 부열원이 있는 경우
 – 기계 1번 (난방설비) 0.9 이상 취득할 수 있는
 효율갖춘용
 – or E소비효율1등급 수준 설치

2. 개별난방 or 개별냉난방 설치시 (8. 13. pump 대수제어)
 기본배점 4, 2, 4, 4

(조건)

① 실내기가 집합 or 중앙식으로 제어되는
 시스템을 포함한 경우

EPI기계설비 보상점수-2

② 중앙에서
 모니터링기능, 스케줄제어, 피크전력제어
 (전기구동식)가 가능하고
 가변속제어 or 용량제어가 가능해야 함
 (공동주택 제외)

3. 근거서류
 1.항 장비일람표
 열원흐름도
 2.항 장비일람표
 열원흐름도
 자동제어계통도

note

EPI전기권장사항중 비주거만 해당항목

문) EPI 전기권장사항中 비주거만 해당항목 ☆

1. 항목 (변대 자동 연계)

변압기 대수제어

실내조명설비 군별 or 회로별 자동제어설비

전력량계 층별, 임대구획별 설치

창문연계 냉난방자동제어 S 채택

2. 세부설명

① 변압기 대수제어

전등/전열, 동력, 냉방용 등으로 구분.

같은 용도 2대이상 설치된

변압기간 연계제어 적용여부

② 조명설비 군별 or 회로별 자동제어

전체 조명전력의 40% 이상 적용여부

③ 층별 및 임대구획별 전력량계 설치

층별 1대 이상

\+ 임대구획별 전력량계 설치여부

④ 창문연계 냉난방설비 자동제어 시스템

적용여부

EPI전기권장사항 주거만 해당항목

문) EPI 전기권장사항 주거만 해당항목

1. 항목

Door phone 대기전력저감 우수제품

Home Gateway 〃

2. 세부설명

① Door Phone을 대기전력저감 우수제품으로

채택 : 적용여부

② Home Gateway 〃

채택 : 적용여부

열원설비, 송풍기 배점산정

<열원설비, 송풍기 배점산정>

에너지열원설비별 배점후 용량가중평균

① 설비별 배점

② $\frac{\Sigma \text{설비별배점} \times \text{당해설비용량}}{\text{전체설비용량}}$ = 전체배점

③ 전체배점(b) × 기본배점(a) = 평점(c)

②: 용량가중평균

Boiler 열회수장치

① 공기예열기

② 급수가열기

③ 절탄기

생활배수의 열회수장치

① 폐열회수용 열교환기

② Heat Pump등과 연계된 열회수장치

note

E절약설계기준 : 조명설비 의무vs권장사항-1

문) E절약설계기준 ☆☆☆
조명설비 의무사항 vs 권장사항

<의무사항>

1. ① 안정기 내장형 램프, 형광램프) 최저소비효율기준 만족제품
   ② 유도등, 주차장조명기기) 고효율E기자재 인증제품에 해당하는 LED조명 설치
3. 공동주택 각 세대현관, 숙박시설 객실내부, 계단실) 조명기구는
   인체감지 점멸형 아 일정시간후 자동소멸되는) 조도자동조절 조명기구
4. 점멸회로
   필요에 따라 부분조명가능토록
   일사광 들어오는 창측 전등군 (공동주택 예외)
5. 일괄소등 스위치

E절약설계기준 : 조명설비 의무vs권장사항-2

- 층별. 구역별 아 세대별
- 예외 : 조명자동제어설비 설치
  전용 $60m^2$ 이하주택
  Card Key System 숙박시설

<권장사항> 옥지L 백조 옥진 백조

1. 옥외등
   ① 고효율 E기자재 인증제품으로 등록된 HID램프 아 LED램프
   ② 옥외등 조명회로 : 격등점등, 자동점멸
2. 공동주택 지하주차장
   자연채광용 개구부 설치 여부
   주위밝기 감지 전등군별 자동점멸 아 스케줄제어
3. LED조명기구
   : 고효율인증제품 설치
4. 백열전구 사용지양
5. KSA 3011 작업면 표준조도 확보

고효율조명기기

문) 고효율 조명기기 ☆☆

1. 정의 : ① 아 ②
   ① 고효율 E 기자재 인증제품 18종
   (「고효율E기자재 보급촉진에 관한 규정」)
   ② 고효율 조명기기
   (「효율관리 기자재 운용규정」)
2. 고효율조명기기
   (「효율관리 기자재 운용규정」)
   ① E소비효율 (1등급) 램프
   직관형. 등근형. 콤팩트형 형광램프
   ② 표준소비효율 이상의 형광램프용 안정기
   ③ E소비효율 (1등급) 안정기내장형 램프

note

대기전력-1

문) 대기전력 Standby Power ☆

1. 정의

기기가 외부전원과 연결된 상태에서

주기능을 수행하지 않거나

나·외부로부터 켜짐신호를 기다리는 상태에서

소비하는 전력

2. 종류

① 무부하 mode

플러그 꽂힌 상태에서 소비. 어댑터. 충전기

② off mode

전원꺼도 소비. TV. 렌지. PC. printer. 복사기

③ Passive mode

리모컨으로 꺼도 소비. TV.

④ Active mode 셋톱박스. 홈넷

Network로 연결된 기기. 전원꺼도 외부통신用 전력 소비

⑤ Sleep mode

기기 동작X 사용X 대기상태. PC. 복사기 등

* ①+②+③이 1W 프로그램의 주 Target

대기전력-2

3. Stanby Korea 2015

2015년까지

모든 전자제품의 평균 대기전력을

0.5W 이하로 달성

cf. Stanby Korea 2010

한국유통 모든 전자제품이 대해

의무적 대기전력 1W 정책

「최고효율 + 대기전력 1W 이하」 이면

E소비효율등급 1등급 표시허가

Green Remodelling-1

문) Green Remodelling

1. 개요

기존 건축물의

E 성능향상 및 효율개선을 위한 리모델링

2. 배경 (도입배경)

① E 사용량 증가추세

but 발전소건설차질로 예비전력부족

E 수급불균형 심화

② 온실가스 감축

③ 2015년 현재 건축물 15년경과 75%

④ 건축물이 국가전체 E 사용량의 21%

⑤ 공공 → 민간건축물 확대적용필요

3. 국가추진방향

– 건물E통합관리 S 활용한 사업대상 발굴

– 민간금융활용

– E절감비용으로 사업비용 상환 ESCO사업

– 저비용 고효율기술

⇒ 거주상태에서 단기간·저비용 기술적용

* 근거법령 : 녹색건축물 조성지원법

note

Green Remodelling-2

4. 적용기술

① Passive 기술

일사획득(남향). 일사차단(차양)

고단열. 고기밀. 고성능창호

외단열(열교방지)

자연환기. 자연채광

친환경기술 : 친환경건축자재. 건축물 녹화. 우수재활용. 폐기물재활용

② Active 기술

고효율설비 교체 변압기. 전동기. 조명

신재생E 활용

E. Simulation LCC 반영한 사고개보수

4R. Re-Use 재사용

Re-Cycling 재활용

Re-Generate 재생산

Re-Store 개조

등급별 연간단위면적당 1차E소요량 계산과정

※ 등급用 연간 단위면적당 1차E 소요량 계산과정

①	연간 단위면적당 E요구량	
②	연간 단위면적당 E소요량	요구량 ÷ COP 요구량 × 손실추가
③	연간 총E소요량	② × 연면적
④	신재생E 용도별 분배	생산된 신재생E × 용도별 E소요량 / 총E소요량
⑤	신재생E 분배후 연간 총E 소요량	③ − ④
⑥	연간 단위면적당 1차E 소요량	⑤ × 1차E환산계수 전력E × 2.75 ÷ 연면적
⑦	등급用 연간단위면적당 1차E 소요량	⑥ × 용도별보정계수

용도프로필-1

문) 용도 프로필 ☆☆

1. 개요

[별표2] 주거 및 주거용 이외 건축물 용도프로필

· 건축물의 성능이 同-하더라도

· 내부에 사는 사람이 어떻게 사용하느냐에 따라 E 사용량이 달라짐

⇒ 건축물 용도별로 일정기준 정해서 평가

2. 건축물의 종류 — 건축물 사용프로필의 종류 (20종)

주거공간

소규모사무실(30㎡ 이하), 대규모사무실(30㎡ 초과)

회의 및 세미나실, 강당, 구내식당, 화장실

그 외 체류공간 (휴게. 탈의. 헬스. 열람. 숙직. 매점)

부속공간 (홀. 로비. 복도. 계단실. 전실)

창고 / 설비 / 문서실

전산실

주방 및 조리실

병실, 개실, 교실(초중고), 강의실(대학)

매장(상점/백화점)

전시실. 열람실. 체육시설

용도프로필-2

3. 용도프로필 (항목) 냉난방·급탕·조명 E 요구량과 관련된 기준설정 정의

① 사용시간과 운전시간

② 설정요구량

i) 최소외기도입량 $m^3/h.m^2$

90 주방·조리실 > 30 강의실(대학)

ii) 급탕요구량 $Wh/m^2.d$

1250 구내식당 > 229 체육시설 > 84 주거 > 82 병실·객실

iii) 조명시간 h

③ 열발열원

i) 사람 $Wh/m^2.d$

420 강의실(대학) > 177 구내식당 > 168 열람실(도서관)

ii) 작업보조기기 $Wh/m^2.d$

1800 전산실. 주방조리실 > 126 대규모사무실

④ 실내공기온도 : 난방 20°C. 냉방 26°C 동일

⑤ 월간사용일수

⑥ 용도별가중치

난방. 냉방. 급탕. 조명. 환기

용도프로필의 용도별보정계수-1

문) 용도프로필의 "용도별 보정계수"

1. E량 계산흐름

E요구량 표준설정조건유지 위해 필요한 E

↓

E소요량 E요구량만족 위한 설비기기 사용E

↓ (1차환산계수)

1차E소요량 연료 채취·가공·운송·변환 공급 손실반영

↓ (용도별 보정계수)

등급별 1차E 소요량

2. 산식

등급(용도) 단위면적당 1차E소요량

= 단위면적당 E소요량

× 1차E환산계수 × 용도별보정계수

3. 보정계수

- 난방/냉방/급탕/조명/환기 5개로 구분지정

- 급탕 zero 공간 : 화장실. 부속공간(계단. 복도 계단실)

창고/설비/문서실. 주방및조리실

- 모두 1 : 주거공간. 대규모사무실($30m^2$ 초과)

용도프로필의 용도별보정계수-2

- 조명만 1× : 소규모사무실 1.5

0.818 (회의 및 세미나실. 강당 / 화장실. 그외 휴유공간 / 부속공간(로. 복제) 창고/설/문)

- 매강 : 조명밀도에 따라 보정치 계산

$10W/m^2$ 이하 : 0.625

$10W/m^2$ 초과 :

[(밀도−10) ×0.4 + 10] / 밀도 × 0.625

$30W/m^2$ 경우

[(30−10) ×0.4 + 10] / 30 = 0.6 × 0.625 = 0.375

$$\frac{(D-10)\times 0.4+10}{D}\times 0.625$$

$$\frac{\text{밀도}40\% + 6}{\text{밀도}}\times 0.625$$

note

ECO2 Modelling방법-1

문) ECO2 Modeling 방법

< 창호관련 >

① 이중외피 (실외측창 R_1 + 실내측창 R_2) ÷ 2

② 발코니창 내창 R_i + 외창 R_o ÷ 2

③ 방풍실 복층창간주 2.1 W/㎡·K 적용
바닥면적 Zero

④ CW 외벽부분, 창호부분 분리평가
외벽, λg무시. α_i 적용

⑤ 일사E투과율

- SC × 0.86 = SHGC 적용
- 39mm (5+12A +5+12A +5) 3중창일 때
$0.8 \times 0.86 \times 0.9 \times 0.86 = 0.533$ 적용
복층유리 SC 단층유리 SC
- 창에 일사 취득차단 50% 이상일 때
일사E투과율 ZERO

⑥ 발코니확장 여부

- 예비인증 : 全세대확장
- 본인증 : 세대현황표 및 평면도에 따라 평가

ECO2 Modelling방법-2

⑦ 발코니 샷시 O 발코니 ≠ 차양
발코니 샷시 X 발코니 = 차양

⑧ 수평·수직 차양각
"차양끝점 ~ 창중심"의 창축각도

⑨ 침기율
주거外 외기面창호 O (1.5회)/h
외기面창호 X 0회/h
주거 예비인증 (6회)/h
본인증 현장실사시 측정값 적용

< 기타 >

① 지역설정 해당지역청사 기준

② 기숙사·독신자숙소·게스트H·관사·오피스텔
주거용 건축물로 인증신청 및 평가

③ 천장고 상이할 때 3가지방안

- 가중평균
- Zone 분리
- 대표천장고 (90% 이상일 때)

ECO2 Modelling방법-3

④ 옥탑층 냉난방시 별도 Zone

⑤ 전산부속실 + 독립 냉난방(항온항습기 등)
전산실로 평가

※ ⑥ 조명밀도
30 W/㎡ 미만일 때 30W/㎡ 적용
30W/㎡ 이상일 때 제출된 계산값 적용

⑦ 초중고 체육+강당 복합용도 공간
운동用 코트 O 체육시설로 평가
운동用 코트 X 강당으로 평가

⑧ 주방없는 카페테리아. 매점
이「그외 체류공간」

note

ECO2 대상/Zoning

문) ECO2 대상 / Zoning

1. E효율등급 신청대상
   - 기축. 신축. 별동증축
   - (수평. 수직 증축은 전체건축물 대상)
2. Zoning
   - ① 일련 Zone 면열선(K)
   - ② 제외지역. 제외공간
     - 냉난방설비 X + 비난방공간 및 주차장
     - 설비유지관리 공간
     - 용도 프로필, 적용곤란 특수공간 (수영장. 사우나. 저온창고 등)
   - ③ 포함지역. 포함공간
     - 냉난방 X + 외피 법적단열기준 만족
   - ④ 기타.
     - 수직열이동 고려X
     - 해당층 전체가 냉난방 없으면 별도 Zoning X

ECO2 프로그램-1

문) ECO2 프로그램 ☆

1. 개요
   - 건축물E 효율등급평가 프로그램
   - 「건축물 E 효율등급 인증기준」에 의거 「연간단위 면적당 1차 E 소요량」을 산출하는 P.
   - ISO 13790 등 국제규격에 따라 난방. 냉방. 급탕. 조명. 환기 등에 대해 종합적으로 평가하도록 제작된 P.
2. 프로그램 기능
   - ① 월별 평균기상데이터를 바탕으로 건물의 월별 E 요구량 산출
   - ② 시스템 성능에 따른 건물의 월별 E 소요량 예측
   - ③ E 소요량으로 1차 E 소요량, CO_2 배출량 예측
3. 프로그램 개발
   - 엑셀기반으로 개발
   - Window 기반으로 개량

ECO2 프로그램-2

4. Program 개요 [건축부문 ①②③ / 시스템부문 ④~⑨ / 신재생부문 ⑩]
   - ① 일련존
     - Zone별 면적. 천정고 등 기본값 入力
     - 각 Zone과 냉난방 공조시스템 연결 경험필요
   - ② 입력.면 K 入力
     - 각 일련존 벽체. 창호 등 외피성능 규정 외피면적
   - ③ 열관류율 K 계산
   - ④ 공조처리
     - 공조기. 개별환기unit, 급배기팬 등 데이터 入力
     - 배기환급. 가습유형. 외기냉방제어
     - 열교환기 유형
   - ⑤ 난방기기
     - Boiler 효율 (지역난방. 전기B는 100%)
     - 지역난방. 히트펌프
   - ⑥ 난방공조시스템 말단기기
   - ⑦ 난방분배시스템 배관손실
   - ⑧ 냉방기기
     - 압축식냉동기. 흡수식냉동기. HP
   - ⑨ 냉방분배시스템 pump

note

ECO2 프로그램-3

⑩ 신재생 및 열병합

<태양열>

① 입력요소 : 연료종류(급탕, 급탕+난방)
집열기유형(평판형, 진공관형)
집열판면적, 방위
Solar pump 정격동력
축열탱크 체적
축열탱크 설치장소

② 향상방안 : 진공관형 집열기
집열기면적↑. 동력 pump 저감.
방위 - 남동향

<태양광>

① 입력요소 : 모듈면적, 기울기, 방위, 종류, 효율
② 향상방안 : 면적↑. 기울기45°. 남동향
단결정질. 효율↑

<지열>

① 입력요소 : HP용량, 냉난방능력, pump동력
열교환기, 지열교환탱크 설치여부, 체적
② 향상방안 : HP열성능비↑. 펌프동력↓

ECO2 태양광시스템 입력자료

문) ECO2 태양광 시스템 입력 자료

1. 태양광 모듈 면적 (m²) A
2. 〃 기울기 (수평, 45°, 수직) ∠
3. 〃 방위 4
- 수평인 경우는 해당 無
- 동, 남동, 남, 남서, 서
4. 태양광 모듈 종류 kind
단결정, 다결정
비정질 박막형, CIS 박막형
CdTe 박막형, 기타박막형
5. 태양광 모듈 적용 타입 type
밀착형
후면통풍형
기계환기형
6. 태양광 모듈 효율 %
시험성적서값 평가

신재생에너지

문) 신재생에너지

1. 신에너지

① 연료전지 연속수
수소 + 산소 반응 → 전기 알칼리, 인산형, 고분자전해질
② 석탄 액화·가스화
고체상태인 석탄을 기체 or 액체상태로 변환
③ 수소E
수소폭발력을 기계운동E로 변환시켜 활용
or 수소를 분해하여 E원으로 활용

2. 재생에너지

① 태양광 태양전지 위한 개발
② 태양열 열 → 급탕, 난방
③ 풍력 風 → 전기E
④ 지열 : 지열HP 이용 냉난방
⑤ (소)수력 : 주로 소수력 (∵ 환경훼손)
⑥ 해양E : 조력발전, 파력발전, 조류발전
⑦ 바이오E : 바이오알콜, 바이오디젤, 바이오가스
⑧ 폐기물E 가연성폐기물 이용

note

연료전지-1

문) 연료전지

1. 개요
   - 수소·산소 반응 → 전기 생산
   - 물, 열, 전기 E 획득
2. 구성

연료 → 개질기 → 본체 → 인버터 (본체 → 배열회수; 개질기, 인버터 ↔ 제어장치)

본체 : Stack
인버터 : 교류변환

3. 종류
   - 인산형, 알칼리
   - 용융탄산염형
   - 고분자 전해질
   - 고체 산화물형
   - 직접 메탄올형
4. 특성
   - 소형열병합 발전에 이용

연료전지-2

<장점> 高 2다 3저

- 고효율 ← 배열이용
- 연료 다양성
- 환경부하 ↓
- 저소음, 저진동
- 규모 다양성 ↑ (소·대용량 all 可)

<단점>

- 신뢰성 부족
- 전력밀도 ↓

지열 Heat Pump Unit-1

문) 지열 Heat Pump Unit

근거 : 「지열설비 시공기준」
한국 E공단 신재생 E 센터

1. 사양
   - 센터인증제품
   - 인증대상설비 X : 분야별 위원회 심의 → 센터장 인정
2. 설치시 유의사항
   - ① Conc 기초위 An Bolt + 방진설비
   - ② 단열 : 열교환기, 노출배관
   - ③ Drain 배관 설치 : 응축수처리
   - ④ Oil Heater 또는 Oil Foaming 방지장치 : 압축기에
   - ⑤ 냉매배관 길이 : 신재생 E설비 인증서 기재 길이 이하
3. 안전장치 설치 : 유안전인 조건등 → 경보장치

자동정지장치	냉매 압력이상
자동운전장치	순환수 유량이상
냉매 자동 외부방출 장치	냉매배관 냉매온도 이상
압축기 자동정지장치	압축기토출 냉매온도 이상
자동전원차단장치	과전류발생

note

지열 Heat Pump Unit-2

지열HP

팽창

응축

→ 난방

→ 냉방

풍력발전시스템

문) 풍력발전 System ☆

1. 개요

바람을 이용하여 전기E를 얻는 재생E

2. 종류

① 회전축방향

수직형 / 수평형

② 운전방식 : 정속도회전 / 가변속도회전

③ 전력사용방식 : 계통연계 / 독립전원 ✓

④ 위치별 : 육상 / 해상

3. 풍력높이 효과

$V_2 = V_1 \left(\frac{h_2}{h_1}\right)^{\alpha}$ but, 높이에 따라 무한정 증가하지는 않음

4. 장단점

(장점) 발전단가 가장 낮다

환경오염 X

단기간 건설 可

E 구입비용 X. 무한정의 자연E원 활용

(단점) 소음

전파장애

부지선정제약 : 입지별 풍속·풍향 변동

BIWP

문) BIWP

1. 개요

건물일체형 풍력발전 B. Integrated Wind Power

풍력turbine 모듈화, 소형화

→ 건축물 일부, 외피에 일체화

→ 외장 + 기능 동시 발전기술

3. 2. 특성(장점) : 소형화

① 소형 module 형식, 용량조합용이

② 설치용이 parapet 설치 可

③ 저소음 50dB 정도

④ 저풍속운전 2.3 m/s (순간 45 견딤)

⑤ 디자인우수 외장성향상

2. 3. 일반적 문제점 이러한 문제해결책으로 소형화

① 최소풍속 4.5 m/s

② 입지제한 일정높이 Tower. 교외에 적합

소음. 경관 훼손 우려

③ 인허가 어려움

④ 고수준 유지보수 및 검사 필요

note

BIPV-1

문) BIPV ☆☆

Building Integrated Photovoltaics

1. 개요

태양광발전을 창호. 외벽. 지붕등의 건축 재료로 사용하면서 태양광발전을 가능하도록 한 것

2. 사용범위 — 주로 수직벽체. 창호에 사용

창호류 : 창호. Spandrel. CW

외장재 : 지붕. 캐노피. Fasade. 차양

기타 : 단열시스템

3. 특징

① 외장 : 건축자재절감

건물절사. 건물가치↑

② 건축측면 — 건축적 용용 감소

③ 발전측면 : 수직설치 → 발전량 감소

BIPV用 태양전지는 면진감응형 태양전지 사용가능

④ 단점 : 실내온도↑ — 별도 설계방안 필요

4. 설치기준

「신재생E 설비의 지원등에 관한 기준」

별표1 "태양광설비 시공기준"

BIPV-2

5. 설계 및 시공시 고려사항 → 설치. (옥외태양광기준)

Center ① 태양전지 모듈 : 센터인증품 사용

단, 시험설치서 제출0특 BIPV에는 사용可

센터 : 신재생E센터

角1 ② 방위각 : 그림자 영향 받지 않는 곳.

정남향 설치 원칙

角2 ③ 경사각 : 현장여건에 따라

hour ④ 일사시간 : 음영불가 5HR/日 이상

(3-5月. 9-11月 기준)

Support ⑤ 지지대 등 : 풍하중. 적설하중. 구조하중 견디게

녹방지처리

Grounding ⑥「전기설비기술기준」에 따라 접지공사

「건물일체형 태양광시스템」

기존건축 부자재의 역할 및 기능을

태양광모듈이 대체할 수 있는 시스템

범위 : 창호. 스팬드럴. 커튼월

이중파사드. 차양시설. 아트리움

천공. 지붕재. 캐노피. 단열시스템

신재생관련공식-1

신재생 관련 공식

필요 Array출력 [kW] P_{AS}

$$P_{AS} = \frac{\text{수요전력량 [kwh/기간]}(E_L) \times \text{의존율}(D) \times \text{설계여유계수}(R)}{\dfrac{\text{기간중일사량 [kwh/m}^2\text{.기간]}(H_A)}{\text{표준일사량 [kW/m}^2\text{]}(G_S)} \times \text{종합설계계수}(K)}$$

$$P_{AS} = \frac{E_L \cdot D \cdot R}{\frac{H_A}{G_S} \cdot K}$$

(해설) ① 전력이 얼마나 필요한가? E_L

② 태양광이 부담할 비율은? D

③ 설계에 여유를 두자 $R \geq 1$

④ 실일사는 표준일사보다 적을수 있다 $\frac{H_A}{G_S}$

⑤ 전체시스템 효율 반영 K

$D=1$, $R=1$ 가정.

$$P_{AS} = \frac{E_L}{\frac{H_A}{G_S} \cdot K}$$

$$E_L (E_P) = P_{AS} \cdot \frac{H_A}{G_S} \cdot K$$

→ 예상발전량 [kwh/기간]

→ 모듈용량

note

신재생관련공식-2

Array의 변환 효율 η

$$\frac{\text{Array출력 } P_{AS}}{\text{표준일사량 [kW/m}^2] \ G_S \times \text{Array면적 [m}^2] \ A}$$

$$\eta = \frac{P_{AS}}{G_S \times A} \times 100(\%)$$

풍력발전

풍속 $v_2 = v_1 \times \left(\frac{h_2}{h_1}\right)^{\alpha}$ α 지표면마찰계수

전력밀도 $D = \frac{\rho v^3}{2}$ [W/m²] ρ 공기밀도 1.225 kg/m³

회전날개 회전면적(m²) W

발전량 $P = \frac{1}{2} \rho \cdot A \cdot v^3$ [W]

$= D \times A$

태양전지모듈규격

(문:) 태양전지 모듈 규격

<외형>

길이 × 폭 × 두께

중량

직렬셀수 72. 54. 60

(길이, 폭, 두께, 6 cell, 12 cell)

<전기적특성>

최대출력 [Wp] = P_{mpp} [W]

최대출력전압 × 최대출력전류

발전전력량 출력 × 일사량 비 × 계수

$= \text{어레이출력} \times \frac{\text{기간중 全 일사량}}{\text{표준일사량}} \times \text{종합설계계수}$

= 수요전력량 × 의존율 × 설계여유계수

어레이 변환효율 η

$$= \frac{\text{어레이 출력}}{\text{표준일사량} \times \text{어레이 면적}}$$

$$\text{모듈의 변환효율} = \frac{\text{모듈출력}}{\text{入사 태양 Energy}} \times 100(\%)$$

(= 1000 W/m²)

독립형 태양광발전 : 축전지설비

(문) 독립형 태양광발전 축전지설비

축전지 용량 [A·h]

[VA]·[h]

$$= \frac{\text{1일소비전력량} \times \text{不일조日數}}{\text{보수율} \times \text{방전심도} \times \text{방전 종지전압 [V]}}$$

cf. 방전종지전압 [V]

방전심도

(예) 방전심도 80%

기본적으로 깔려있는 잔여분

cf. 독립형 ≠ 계통연계형

note

신재생E설비인증서 : 결정질태양전지모듈

문) 신·재생 에너지설비 인증서 결정질 태양전지모듈

① 업체명
② 사무소소재지
③ 공장 소재지
④ 인증 신·재생에너지 설비

〈제품의 특징〉

- 셀사양
- 모듈크기
- 무게
- 정격효율
- 최대 시스템 전압
- 정격출력 (max power) $P_{max} = V_{max} \times I_{max}$ ⇨ 전력생산량
- 개방전압 V_{oc}
- 단락전류 I_{sc}
- 최대출력 동작전압 V_{max} or V_{mpp}
- 최대출력 동작전류 I_{max} or I_{mpp}

cf. 충진율 $= \dfrac{V_{mpp} \times I_{mpp}}{V_{oc} \times I_{sc}}$: 모듈성능

cf. 인증서 발급자 : 신재생E Center 소장

신재생E설비인증서 : 물-물 지열열펌프유닛

문) 신·재생에너지설비 인증서 물-물 지열열펌프 유니트

①~④ 上同

〈제품의 특징〉

- 용량[W] · 크기 · 무게
- 주요부품의 형식·수량·용량·제조사 (압축기. 열교환기)
- 시험항목 : 냉방·난방구분
  지하수시스템, 지중루프시스템 구분
  정미능력[W]. 유효전력[W]. EER, COP [W/W]
- 인증대상품목
- 모델명
- 적용기준

⇨ 신재생E 생산량 → 유효전력 아님. 정미능력
정미능력[W] × 설치대수

cf. 순환 pump 사용하는 지중루프시스템

태양광발전소 모듈설치계산

문) 태양광 발전소 모듈설치계산

$$d = L \times \frac{\sin(\alpha+\beta)}{\sin\beta}$$

예상 어레이용량
모듈당 최대전력[W] × 모듈수

모듈, cell, L, W

스트링 인버터
모듈인버터

음영대책 : 음영효과 방지 Bypass Diode 설치
역류방지 Diode

note

신재생설비 KS인증내용

신재생 설비 KS 인증 내용

<태양광> 발전모듈 2. 인버터 2

결정질 실리콘 태양광 발전모듈

박막 태양광 발전모듈

소형, 중대형) 태양광발전用 Inverter (10kW ↓, 250kW ↓)

<태양열> 집열기 2. 온수기 2

평판형, 진공관형) 집열기

평판형 강제순환식, 진공관 일체형 자연순환식) 온수기

<풍력> 터빈 2. 인버터 1

중대형, 소형) 풍력터빈 (회전자면적 200m² ↓, 200m² ↑)

소형 풍력터빈用 Inverter

<연료전지>

알칼리 인산형 직접메탄올

용융탄산염 고체산화물 고분자전해질

태양광설비 시공기준-1

문) 태양광설비 시공기준

1. 일반기준 (신재생설비 설치)
   - 센터 인증 태양전지모듈 사용
   - 설치용량 ≥ 설계용량 × 103%
   - 2열이상배치 앞열이 뒷열에 음영 ×
   - 일조시간 5HR/日 이상
2. 구조, 배치, 위치
   - 풍하중, 적설하중, 구조하중
   - 건물상부 설치時 외벽마감선 이내 설치
   - 모듈~지붕면 : 10cm 이상
   - 철판 Hot-dip 동등이상

     절단, 용접부위 방식처리
3. 전기사항
   - 전선 : TFR-CV 선
   - 전압강하 3% 이하 (60m 이하時) 인버터출력단~계통연계점

     60m 초과 120m 이하 5%

     120m 초과 200m 이하 6%

     200m 초과 7% 이하

태양광설비 시공기준-2

- 역전류방지 다이오드 설치
  - (더 인버터에) 연결된 태양전지 직렬군이 2병렬이상일 경우 각 직렬군에 설치
  - 용량 : 모듈단락전류의 2배 이상
- 태양전지 각 직렬군은 同一 단락전류를 가진 모듈로 구성
- 인버터 : 센터인증제품

역류방지 diode: 음영진 왼쪽 String으로 전류가 넘어가는 것 방지

Bypass diode: 음영진 부분을 건너뛸 수 있게

各 String (직렬군)

3병렬

note

설비형 태양열시스템-1

문) 설비형 태양열 시스템 ☆

1. 개요

태양열의 흡수·저장·열변환을 통해 건물의 냉난방, 급탕에 활용하는 기술

2. 태양열 이용 기술의 분류 자연형 / 설비형

① 자연형

온실, 트롬월, 남측 창문·벽면 등 건축구조물을 활용하여 태양열을 집열

② 설비형

집열기 별도 설치. 펌프(열매체 구동장치) 활용한 태양열 집열시스템. ⇒ 태양열시스템

3. 시스템 구성도

집열기, 순환P, 축열조, 보조열원, 난방

집열부	축열부	이용부

4. 시스템 구성 주요부위

설비형 태양열시스템-2

① 집열부

집광비 ↑ 따라. 저온형. 위도+10~15° 경사각

집열기 : 평판형. 진공관형 (PTC CPC. Dish형)

② 축열부

열교환되어 이용부에 활용될 난방용 온수 저장

현열축열 주로 사용. 축열용량↑. 열저장속도↑

③ 이용부

축열조 < 열부하 이후 보조열원 작동

자동으로 수행하기 위해 제어장치 필요

5. 태양열 시스템 장단점

(장점) · 무공해 청정E

· 지역편중 적다

· 유지보수비 저렴

(단점) · E밀도↓. 간헐적

· 초기설치비용↑

· 일사량(계절·주야) 변동 영향↑

6. 태양열시스템 설계 고려사항

· 태양열 적용 타당성 검토

· 집열기선정 : 집열온도·외기온도·일사량감안

설비형 태양열시스템-3

· 시스템구성 및 보조열원과의 관계

· 집열면적 : 태양열의존율 고려

· 각종구성부품 용량·성능

열교환기

pump : 유량

보조열원과의 연계방법

축열조 및 온도성층화

배관

· 열성능향상 및 안전성

cf. 집열부. 집열기 구성체 요건

① 투과체 : 투과율↑. 흡수율↓. λ↓

② 흡수판 : 흡수율↑. 방사율↓

note

자연형 태양열시스템-1

문) 자연형 태양열 시스템

1. 개요

· 태양열E를 건축물 난방·급탕에 이용하는 방법

· 집열부, 축열부, 이용부간의 E전달이 전도, 대류, 복사에 의해 이루어짐

· 즉, 기계장치 없이 자연적인 방법으로 태양E를 집열·저장·이용

2. 종류 직접획득 / 간접획득 / 부착온실

① 직접획득방식

② 간접획득방식

— 축열벽 방식

— 축열지붕방식 (야간단열막 설치)

자연형 태양열시스템-2

③ 부착온실방식

3. 특성

<설치·운영> ① 설치비 저렴

② 특별한 장치 조작

③ 작동 간편

<성능> ④ 신뢰도 ↑

⑤ 열적환경 쾌적

⑥ 기존 건축물 개수이 용이

⑦ 외관 부조화

태양열시스템 설계고려사항

문) 태양열 System 설계 고려사항 ☆ 급탕수지량

1. 적용타당성 검토

부하 급탕·난방부하 많고 고르게 분포하는 곳

2. 급탕·난방부하 산정

각 건물의 용도별 부하로 산정 60°C 50~05L/인·일 계산

3. 집열기 및 매수 산정

· 종류 : 평판형 / 진공관형

· 매수 : 경제성, 공간활용가능성, 태양열의존율 — 고려하여 결정

4. 시스템 구성방안 선택

· 각 구성요소들의 설치·이용방안

· 보조열원과의 연계방법

· 열교환기, 펌프, 축열조 등 검토

5. 집열면적 산정

· 단위면적당 일일평균일사량으로 계산

cf. 집열기 흡수판 coating

① 흑색 Cr 코팅 ② Ti 코팅 → 선택흡수막 코팅

③ 흑색 paint

note

태양열집열기 효율영향요소

문) 태양열 집열기 효율영향 요소

두과체 / 흡수판 / 단열재 / 설치각도

1. 투과체

투과율↑. 흡수율↓. ×↓

2. 흡수판

열흡수율↑. 열방사율↓

투과체. 흡수판 사이 대류열손실 최소화

3. 단열재 단열성능 ↑

평판형 집열기 후면 열손실 저감

4. 집열기설치각도

동절기 수열이 커지도록 설치

경사 30° 時 동절기 40~60%

90° 50%

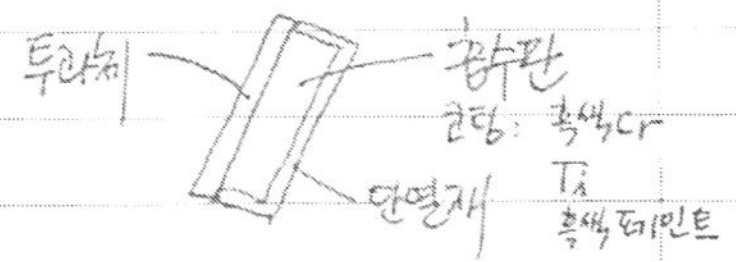

KS인증대상 태양열설비

문) KS인증대상 태양열설비

1. 집열기

평판형 태양열집열기

진공관형 태양열집열기

2. 온수기

(저탕용량 600L 이하의 가정用 태양열 온수기中)

평판형

진공관형

3. 表기시 제품명

① 열매식 축열식 태양열 온수기 (열매 축열)

효율80%이하. 내구성×. 부동액 자연대류

설치간편

② 온수 축열식 평판형 태양열 온수기 (온수 축열)

효율90%이상. 부동액 자연대류

설치간편

③ Heat Pipe 진공관 온수기

효율↓ 자연순환식×

note

용도프로필

구분	단위	주거 공간	소사 30㎡이하	대사 30㎡초과	회 및 세	강당	구내 식당	화장실	그외 체류공간	부속공간 (로,복,계)	창/설/문	전산실	주방 및 조리실	병실	객실	교실 (초중교)	강의실 (대학)	매장 (상/백)	전시실 (전/박)	열람실 (도서관)	체육 시설
사용시간과 운전시간																					
사용시작시간	[Uhr]	0	9		7		8	7				0	8	0	21	8	9	8	10	8	8
사용종료시간		24	18		18		15	18				24	15	24	8	15	18	20	18	20	23
운전시작시간		0	7		7		8	7				0	8	0	21	8	9	8	10	8	8
운전종료시간		24	18		18		15	18				24	15	24	8	15	18	20	18	20	23
설정요구량																					
최소외기도입량	[m³/(hm²)]	1.1	4	6	15	2	18	15	7	0.15		1.3	90	4	3	10	30	4	2	8	3
급탕요구량	[Wh/(m²d)]	84	30				1250	0	30	0		30	0	82		30					220
조명시간	[h]	5	6	9	11		7	11				12	7	12	4	6		12	8	12	15
열발열원		105	72	181.8	104	60	187	0	104	0	0	1815	1856	132	114	120	444	108	28	168	60
사람	[Wh/(m²d)]	53	30	55.8	96	36	177	0	96	0	0	15	56	108	70	100	420	84	28	168	60
작업보조기기		52	42	126	8	24	10	0	8	0	0	1800	1800	24	44	20	24	24	0	0	0
구분	단위	주거 공간	소사 30㎡이하	대사 30㎡초과	회 및 세	강당	구내 식당	화장실	그외 체류공간	부속공간 (로,복,계)	창/설/문	전산실	주방 및 조리실	병실	객실	교실 (초중교)	강의실 (대학)	매장 (상/백)	전시실 (전/박)	열람실 (도서관)	체육 시설
월간사용일수		365	250	250	250	250	250	250	250	250	250	365	250	365		200	150	300	250	300	300
용도별보정계수																					
난방		1	1	1	1	1	1.571	1	1	1	1	0.314	1.571	0.314	0.685	1.964	2.037	0.764	1.375	0.764	0.611
냉방			1		1	1	1.571	1	1	1	1	0.314	1.571	0.314	0.685	1.964	2.037	0.764	1.375	0.764	0.611
급탕			1		1	1	0.024	0	1	0	0	0.685	0	0.251	0.251	1.25	1.667	0.833	1	0.833	0.114
조명			1.5		0.818	0.818	1.286	0.818	0.818	0.818	0.818	0.514	1.286	0.514	1.541	1.875	2.5	수식	1.125	0.625	0.5
환기			1		1	1	1.571	1	1	1	1	0.314	1.571	0.314	0.675	1.964	2.037	0.764	1.375	0.764	0.611
구분	단위	주거 공간	소사 30㎡이하	대사 30㎡초과	회 및 세	강당	구내 식당	화장실	그외 체류공간	부속공간 (로,복,계)	창/설/문	전산실	주방 및 조리실	병실	객실	교실 (초중교)	강의실 (대학)	매장 (상/백)	전시실 (전/박)	열람실 (도서관)	체육 시설

분석 사용시간 < 운전시간 : 소사, 대사

외기도입량 : 주방및조리실 90(**주방및조리실은 외기 90, 급탕 ZERO, 발열 15+1800)**, 화장실,부속공간,창문설 ZERO, 그외는 30(소사,대사,회및세,강당,그외,전산실,r실,강의실,매장,전시,열람)

급탕요구량 : 구내식당 1250 / 주방및조리실 ZERO, **체육시설 220**, 주거 84, 병실객실 82, 화장실,부속공간,창문설 ZERO, 그외는 30(소사,대사,회및세,강당,그외,전산실,r실,강의실,매장,전시,열람)

열발열원 : 주방및조리실(56+1800=**1856**), 전산실(15+1800=1815), 강의실(420+24=444)

연간사용일수 : 365일(주거,전산,병실,객실) 150일(강의실)

매장 조명보정치 : **10W/㎡이하 : 0.625 / 10W/㎡초과 : [(조명밀도-10)*0.4 + 10] / 조명밀도 * 0.625**   밀도 30時 [(30-10)*0.4 + 10] / 30 * 0.625 = 0.375

[별지 제1호 서식]

(제1면)

에너지절약계획 설계 검토서					
1. 에너지절약설계기준 의무 사항					
항 목	채택여부 (제출자 기재)		근거	확인 (허가권자 기재)	
	채택	미채택		확인	보류
가. 건축부문					
① 이 기준 제6조제1호에 의한 단열조치를 준수하였다.					
② 이 기준 제6조제2호에 의한 에너지성능지표의 건축부문 1번 항목을 0.6점 이상 획득하였다.					
③ 이 기준 제6조제3호에 의한 바닥난방에서 단열재의 설치방법을 준수하였다.					
④ 이 기준 제6조제4호에 의한 방습층을 설치하였다.					
⑤ 외기에 직접 면하고 1층 또는 지상으로 연결된 출입문은 제5조제9호아목에 따른 방풍구조로 하였다.(제6조제4호라목 각 호에 해당하는 시설의 출입문은 제외)					
⑥ 거실의 외기에 직접 면하는 창은 기밀성능 1~5등급(통기량 5㎥/h㎡ 미만)의 창을 적용하였다.					
⑦ 법 제14조의2의 용도에 해당하는 공공건축물로서 에너지성능지표의 건축부문 8번 항목을 0.6점 이상 획득하였다. 다만, 건축물 에너지효율 1+등급 이상을 취득한 경우에는 예외로 한다.					
나. 기계설비부문					
① 냉난방설비의 용량계산을 위한 설계용 외기조건을 제8조제1호에서 정하는 바에 따랐다.(냉난방설비가 없는 경우 제외)					
② 펌프는 KS인증제품 또는 KS규격에서 정해진 효율이상의 제품을 채택하였다.(신설 또는 교체 펌프만 해당)					
③ 기기배관 및 덕트는 건축기계설비 표준시방서에서 정하는 기준 이상 또는 그 이상의 열저항을 갖는 단열재로 단열하였다. (신설 또는 교체 기기배관 및 덕트만 해당)					
④ 공공기관은 에너지성능지표의 기계부문 11번 항목을 0.6점 이상 획득하였다.(「공공기관 에너지이용합리화 추진에 관한 규정」 제10조의 규정을 적용받는 건축물의 경우만 해당)					
⑤ 법 제14조의2의 용도에 해당하는 공공건축물로서 에너지성능지표의 기계부문 1번 및 2번 항목을 0.9점 이상 획득하였다. (냉난방설비가 없는 경우 제외, 에너지성능지표의 기계부문 16번 항목 점수를 획득한 경우 1번 항목 제외, 냉방설비용량의 60% 이상을 지역냉방으로 공급하는 경우 2번 항목 제외)					
다. 전기설비부문					
① 변압기는 제5조제11호가목에 따른 고효율변압기를 설치하였다.(신설 또는 교체 변압기만 해당)					
② 전동기에는 대한전기협회가 정한 내선규정의 콘덴서 부설용량기준표에 의한 역률개선용콘덴서를 전동기별로 설치하였다.(소방설비용 전동기 및 인버터 설치 전동기는 제외하며, 신설 또는 교체 전동기만 해당)					
③ 간선의 전압강하는 대한전기협회가 정한 내선규정에 따라 설계하였다					
④ 조명기기 중 안정기내장형램프, 형광램프를 채택할 때에는 산업통상자원부 고시 「효율관리기자재 운용규정」에 따른 최저소비효율기준을 만족하는 제품을 사용하고, 주차장 조명기기 및 유도등은 고효율에너지기자재 인증제품에 해당하는 LED 조명을 설치하였다.					
⑤ 공동주택의 각 세대내 현관, 숙박시설의 객실 내부입구 및 계단실을 건축 또는 변경하는 경우 조명기구는 일정시간 후 자동 소등되는 제5조제11호마목에 따른 조도자동조절 조명기구를 채택하였다.					
⑥ 거실의 조명기구는 부분조명이 가능하도록 점멸회로를 구성하였다.(공동주택 제외)					

⑦ 층별, 구역별 또는 세대별로 제5조제11호하목에 따른 일괄소등스위치를 설치하였다.(실내조명 자동제어설비를 설치하는 경우와 전용면적 60제곱미터 이하의 주택, 카드키시스템으로 일괄소등이 가능한 경우는 제외)					
⑧ 공동주택의 거실, 침실, 주방에는 제5조제11호가목에 따른 대기전력자동차단장치를 1개 이상 설치하였으며, 대기전력자동차단장치를 통해 차단되는 콘센트 개수가 제5조제9호가목에 따른 거실에 설치되는 전체 콘센트 개수의 30% 이상이 되도록 하였다. 공동주택 외의 건축물은 제5조제11호가목에 따른 대기전력자동차단장치를 통해 차단되는 콘센트 개수가 제5조제9호가목에 따른 거실에 설치되는 전체 콘센트 개수의 30% 이상이 되도록 하였다.					
⑨ 법 제14조의2의 용도에 해당하는 공공건축물로서 전력, 가스, 지역난방 등 건축물에 상시 공급되는 에너지원 중 하나 이상의 에너지원에 대하여 원격검침전자식계량기를 설치하였다. 다만 BEMS 또는 에너지용도별 미터링 시스템을 설치하여 에너지성능지표 전기설비부문 8번 항목의 점수를 획득한 경우는 설치한 것으로 본다.					

※ 근거서류 중 도면에 의하여 확인하여야 하는 경우는 도면의 일련번호를 기재하여야 한다.

※ 만약, 미채택이거나 확인되지 않은 경우에는 더 이상의 검토 없이 부적합으로 판정한다. 확인란의 보류는 확인되지 않은 경우이다. 다만, 자료제시가 부득이한 경우에는 당해 건축사 및 설계에 협력하는 해당분야(기계 및 전기) 기술사가 서명·날인한 설치예정확인서로 대체할 수 있다.

(제2면)

2. 에너지성능지표

항목	기본배점 (a) 비주거 대형 (3,000㎡ 이상)	비주거 소형 (500~3,000㎡ 미만)	주거 주택 1	주거 주택 2	배점 (b) 1점	0.9점	0.8점	0.7점	0.6점	평점 (a*b)	근거
1. 외벽의 평균 열관류율 Ue(W/㎡·K) (창 및 문을 포함)	21	34			중부 [illegible] / 남부 [illegible] / 제주 [illegible]	[illegible]	[illegible]	[illegible]	[illegible]	평면도, 계산서	
			31	28	중부 [illegible] / 남부 [illegible] / 제주 [illegible]	[illegible]	[illegible]	[illegible]	[illegible]	〃	
2. 지붕의 평균 열관류율 Ur(W/㎡·K) (천창 등 투명 외피부분을 제외한 부위의 평균 열관류율)	7	8	8	8	중부 [illegible] / 남부 [illegible] / 제주 [illegible]	[illegible]	[illegible]	[illegible]	[illegible]	〃	
3. 최하층 거실바닥의 평균 열관류율 Uf (W/㎡·K)	5	6	6	6	중부 [illegible] / 남부 [illegible] / 제주 [illegible]	[illegible]	[illegible]	[illegible]	[illegible]	〃	
4. 제5조제9호자목에 따른 외단열 공법의 채택 (외단열 시공 비율, 창 및 문의 면적비가 50%미만일 경우에 한함)	4	6	6	6	70% 이상	60%~70% 미만	50%~60% 미만	40%~50% 미만	30%~40% 미만	단면도, 면적계산서	
5. 기밀성 창 및 문의 설치(KS F2292에 의한 기밀성 등급 및 통기량(㎥/h㎡))	5	6	6	6	1등급 (1 ㎥/h㎡미만)	2등급 (1~2 ㎥/h㎡미만)	3등급 (2~3 ㎥/h㎡미만)	4등급 (3~4 ㎥/h㎡미만)	5등급 (4~5 ㎥/h㎡미만)	창호일람표, 시험성적서	
6. 기밀시공 / 자연채광 (기타 건축물(수영장), 주된 거실에 개폐가능한 외기에 면한 창의 설치(기타 건축물))	1	1	1	1	수영장 : 수영장 바닥면적의 1/5이상 산란채광을 위한 채광창 설치 / 기타 건축물 : 개폐되는 창부위의 면적이 거실 바닥면적의 1/10 이상 적용 여부					평면도, 계산서	
7. 유리창에 제5조제9호타목에 따른 야간 단열장치를 설치			1	1	전체 창 면적의 20% 이상 적용 여부					창호일람표, 면적계산서	
8. 냉방부하저감을 위한 제5조제9호너목에 따른 차양장치 설치(남향 및 서향 거실의 투광부 면적에 대한 차양장치 설치 비율)	4	2	2	2	80% 이상	60%~80% 미만	40%~60% 미만	20%~40% 미만	10%~20% 미만		
					〈표2〉〈표3〉〈표4〉에 따라 태양열취득률이 0.6 이하의 차양장치 설치비율						
9. 냉방부하저감을 위한 제5조제9호러목에 따른 거실 외피면적당 평균 태양열취득	3	3			14W/㎡ 미만	14~19W/㎡ 미만	19~24W/㎡ 미만	24~29W/㎡ 미만	29~34W/㎡ 미만	Σ I·A·(SHGC) / ΣA	
10. 외기에 면한 주동 출입구에 방풍실 또는 회전문을 설치 함	-	-	1	1	적용 여부						
11. 공동주택 각 세대의 현관에 방풍실 설치	-	-	1	1	적용 여부						
12. 대상동의 높이에 대한 인동간격비	-	-	1	1	1.20 이상	1.15이상~1.20미만	1.10이상~1.15미만	1.05이상~1.10미만	1.00이상~1.05미만	인동간격비 계산서	
13. 공동주택의 지하주차장에 300㎡이내 마다 2㎡ 이상의 채광용 개구부를 설치하며 지하 2층 이하 제외된 조명설비는 주위 밝기에 따라 전등군별로 자동점멸 또는 스케줄 제어가 가능하도록 하여 조명전력을 감소	-	-	1	1	적용여부					지하주차장 평면도, 계산서	
14. 지하주차장 설치되지 않는 경우의 기계부문 15번 및 건축부문 13번에 대한 보상점수	-	-	2	2						건축도	
건축부문 소계											

125 125 120 120 (보상점수제외) → 490점

50% 건축 passive 요소
24% 기계) active 요소
16% 전기
10% 신재생

문) EPI 건축부문에서 비주거 only / 주거 only

1. 비주거만 해당항목
   ① 냉방부하저감을 위한 거실 외피면적당 평균 태양열 취득
   : 배점 W/m² 기준
   14이하 1점, +5씩이면 증가

2. 주거만 해당항목 　현주야 안출
   ① 유리창 야간단열장치 설치
   : 전체 창면적의 20% 이상 적용여부
   ② 외기 면한 주동출입구에 방풍실 또는 회전문 설치 : 적용여부
   ③ 공동주택, 각세대 현관에 방풍실 : 적용여부
   ④ 대상동 H에 대한 인동간격비
   : 1.20이상 1점 ..... 1.0이상~1.05미만 0.6점
   ⑤ 공동주택, 지하주차장에
   、300m²이내마다 2m²이상 채광용 개구부 설치
   、조명설비 주위 밝기에 따라 점등군별 자동점멸 or Schedule 제어 가능토록
   ⑥ 지하주차장 없는 경우 보상점수

〈TDR값〉

	-20°C이하	-15°C	-10°C
	I	II	III
문짝	0.30	0.33	0.38
문틀	0.22	0.24	0.28

현관문
대피공간방화문
벽체접합부 0.22 0.24 0.27

창호
창틀
유리 중앙부위
　　 모서리부위

열전도율 Air 0.023
　　　　 Ar(18) 0.016
　　　　 Kr(36) 0.009
　　　　 Xe(54) 0.005
　　　　 진공 0.002 [W/m·K]

○ 차등기준 배점항목 : K3 인기외태차 　K3인기외피차

○ 적용유무 배점항목 : 현주야개출 　현주야 개수보다

$$해양열취득 = \frac{\Sigma\ 해당방위\ 수평외피면적 \times (차양 : 수평, 수직, 가동형\ 태양열취득률) \times SHGC \times 0.9 \times A_i}{거실외피면적, A}$$

적용여부 : 3개
조건부·적용여부 : 2개 + 1개
구간별 배점기준 : 8개

CMH ACH EqLA ELA

「VAV 자동제어계통」 ... 사용 이유 ...

(제3면)

항목			기본배점(a) 비주거 대형(3,000㎡ 이상)	비주거 소형(500~3,000㎡ 미만)	주거 주택 1	주거 주택 2	배점(b) 1점	0.9점	0.8점	0.7점	0.6점	평점(a*b)	근거
1. 난방설비 (효율%)	기름 보일러		8	2	10	2	92이상	89~92미만	86~89미만	83~86미만	83미만	장비일람표	
	가스 보일러	중앙난방방식					87이상	83~87미만	81~83미만	79~81미만	79미만	용량가중평균효율계산서 (비율)	
		개별난방방식					1등급 제품	-	-	-	그 외 또는 미설치		
	기타 난방설비						고효율 인증제품 (신재생 인증제품)	에너지 소비효율 1등급제품	-	-	그 외 또는 미설치		
2. 냉방설비	원심식(성적계수, COP)		6	2	-	2	5.18 이상	4.51~5.18 미만	3.96~4.51 미만	3.52~3.96 미만	3.52미만	上同	
	흡수식 (성적계수, COP)	1) 1중효용					0.75 이상	0.73~0.75미만	0.7~0.73미만	0.65~0.7미만	0.65 미만		
		2) 2중효용 3) 3중효용 4) 냉온수기					1.2 이상	1.1~1.2미만	1.0~1.1미만	0.9~1.0미만	0.9 미만		
	기타 냉방설비						고효율 인증제품, (신재생 인증제품)	에너지 소비효율 1등급제품	-	-	그 외 또는 미설치		
3. 열원설비 및 공조용 송풍기의 우수한 효율설비 채택(설비별 배점 후 용량가중평균)			3	1	-	1	60% 이상	57.5~60%미만	55~57.5%미만	50~55%미만	50%미만	上同	
4. 냉온수 순환, 급수 및 급탕 펌프의 우수한 효율설비 채택			2	2	3	3	1.16E 이상	1.12E~1.16E미만	1.08E~1.12E미만	1.04E~1.08E미만	1.04E 미만	上同	
5. 이코노마이저시스템 등 외기냉방시스템의 도입			3	1	-	1	전체 환기소요량의 60% 이상 적용 여부						
6. 배열회수형 환기장치 또는 바닥열을 이용한 환기장치, 보일러 또는 공조기의 배열회수설비			2	2	2	2	전체 환기소요량의 60% 이상 적용 (배열회수형 환기장치는 고효율에너지기자재 인증제품인 경우 배점)						
7. 기기, 배관 및 덕트 단열			2	1	2	2	건축기계설비 표준시방서에서 정하는 기준의 20% 이상 단열재 적용 여부 (급수, 배수, 소화배관, 배연덕트 제외)						
8. 열원설비의 대수분할, 비례제어 또는 다단제어 운전			2	1	2	2	전체 열원설비의 60% 이상 적용					장비일람표, 자동제어계통도	
9. 공기조화기 팬에 가변속제어 등 에너지절약적 제어방식 채택			2	1	-	1	공기조화기용 전체 팬동력의 60% 이상 적용 여부					上同	
10. 생활배수의 폐열회수설비			1	1	1	1	적용 여부					장비일람표	
11. 축냉식 전기냉방, 가스 및 유류이용 냉방, 지역냉방, 소형열병합 냉방 적용, 신재생에너지 이용 냉방 적용(냉방용량 담당 비율, %)			2	1	-	1	100	90~100미만	80~90미만	70~80미만	60~70미만	장비일람표, 냉방부하계산서	
12. 급탕용 보일러			2	2	2	2	고효율에너지기자재, 또는 에너지소비효율 1등급 제품 적용여부					장비일람표	
13. 난방 또는 냉난방순환수 펌프의 대수제어 또는 가변속제어 등 에너지절약적 제어방식 채택			2	1	2	2	냉난방 순환수 펌프 전체동력의 60% 이상 적용여부					장비일람표, 자동제어계통도	
14. 급수용 펌프 또는 가압급수펌프 전동기에 가변속 제어 등 에너지절약적 제어방식 채택			1	1	1	1	급수용 펌프 전체 동력의 60% 이상 적용 여부					上同	
15. 기계환기설비의 지하주차장 환기용 팬에 에너지절약적 제어방식 설비 채택			1	1	1	1	지하주차장 환기용 팬 전체 동력의 60% 이상 적용 여부					上同	
16.	지역난방방식 또는 소형가스열병합발전 시스템, 소각로 활용 폐열시스템을 채택하여 1번, 8번 항목의 적용이 불가한 경우의 보상점수		10	8	12	9	지역난방, 소형가스열병합발전, 소각로 활용 폐열시스템은 전체 난방설비용량(신재생에너지난방설비용량 제외)의 60% 이상 적용여부 (단, 부 열원은 기계부분 1번 항목의 배점(b) 0.9점 이상 또는 에너지소비효율 1등급 수준 설치에 한함)					장비일람표, 열원흐름도	
	개별난방 또는 개별냉난방방식을 채택하여 8번, 13번 항목의 적용이 불가한 경우의 보상점수		4	2	4	4	-					上同, 자동제어계통도	
기계설비부문 소계													

난방설비
냉방설비
FAN
PUMP

열병합발전 10MW 이하
증기터빈, 가스터빈, 가스엔진, 디젤엔진, 연료전지) 실용화 → 소형가스열병합 [Engine : 4사이클, 연속, 터빈 — 연속연소, 동력 (발전, 공급 열병합기사용)]

○ 차등기준 배점항목 : 냉2 P난열(송)

○ 거용유무 배점항목 : P2 BF 외 단열 회변주(F)

송풍기 0.75kW 이상만 효율계산
PUMP 0.2㎥/분 이하는 제외

적용 안 해도 점수 받는 항목 : 기타난방설비, 기타 냉방설비

cf. 냉난방설비를 설치하지 않았다 : → 0.6점

5. 자동제어계통도 (장비용계산서) 장비일람표
6. 장비일람표 적용비율계산서

< 열원설비, 송풍기 배점(b) >
설비별 배점 후 용량가중평균

① 설비별 배점

② $\frac{\Sigma \text{설비별배점} \times \text{설비별용량}}{\text{전체설비용량}}$ = 전체배점

③ 기본배점(a) × 배점(b) = 평점(c)

② : 용량가중평균

Boiler 열회수장치
① 공기예열기
② 급수가열기
③ 절탄기

생활배수의 열회수장치
① 폐열회수형 열교환기
② Heat Pump 등과 연계된 열회수장치

16번) EPI 기계설비 보상점수 (16번항목)
1. 지역난방 or 소형가스 열병합발전 시스템 + 소각로활용 폐열시스템 채택
기본배점 10, 8, 12, 9 (주거)
(조건)
① 지역난방, 소형가스열병합발전, 소각로활용 폐열시스템 — 난방설비 용량의 60% 이상 적용
② 전체 난방설비용량 계산시 지열 등 신재생용량은 제외
③ 부열원이 있는 경우 — 기계 1번 (난방설비) 0.9 이상 획득할 수 있는 효율 갖춘용 — or E소비효율 1등급 수준 설치

2. 개별난방 or 개별냉난방 설치 시
기본배점 4, 2, 4, 4
(조건)
① 설비가 집합 or 중앙제어는 가능하도록 시스템을 포함한 경우
② 중앙에서 모니터링 가능, 스케줄제어, 피크전력제어 (조기기동)가 가능하고, 가변속제어 or 용량제어가 가능해야 함 (공동주택 제외)
3. 근거서류
1. 항 장비일람표, 열원흐름도
2. 항 장비일람표, 열원흐름도, 자동제어계통도

LIVR Under Voltage Relay

DALI 중 System 조명제어시스템의 일부. 조명기구별 번지수 지정 제어

(제4면)

에너지성능지표 항목		기본배점 (a) 비주거 대형 (3,000㎡이상)	기본배점 (a) 비주거 소형 (500~3,000㎡미만)	기본배점 (a) 주거 주택 1	기본배점 (a) 주거 주택 2	배점 (b) 1점	0.9점	0.8점	0.7점	0.6점	평점 (a*b)	근거
전기설비부문	1.제5조제9호가목에 따른 거실의 조명밀도(W/㎡)	3	2	2	2	8 미만	8~11미만	11~14미만	14~17미만	17~20미만		조명밀도계산서
	2.간선의 전압강하(%)	1	1	1	1	3.5 미만	3.5~4.0미만	4.0~5.0미만	5.0~6.0미만	6.0~7.0미만		간선설계 계산서
	3.변압기를 대수제어가 가능하도록 뱅크 구성	1	-	-	-	전등/전열, 동력, 냉방용 등으로 구분하고 같은 용도 2대이상 설치된 변압기간 연계제어 적용여부						
	4.최대수요전력 관리를 위한 제5조제11호 사목에 따른 최대수요전력 제어설비	2	1	1	1	Peakcut가능 적용 여부						
	5.실내 조명설비에 대해 군별 또는 회로별 자동제어설비를 채택 예) DALI System	1	1	-	-	전체 조명전력의 40%이상 적용 여부						
	6.옥외등은 고휘도방전램프(HID 램프) 또는 LED 램프를 사용하고 격등 조명과 자동 점멸기에 의한 점소등이 가능하도록 구성	1	1	1	1	적용 여부 (제5조제11호라목에 따른 고효율조명기기인 경우 배점)						
	7.층별 및 임대 구획별로 전력량계를 설치	1	2	-	-	층별 1대 이상 및 임대구획별 전력량계 설치 여부						
	8.BEMS 또는 에너지 용도별 미터링 시스템 설치	2	2	1	1	난방, 냉방, 급탕, 환기, 조명, 콘센트 구분 각각 계량시 만점						
	9.역률자동 콘덴서를 집합 설치할 경우 역률자동조절장치를 채택	1	1	1	1	적용 여부						
	10.분산제어 시스템으로서 각 설비별 에너지 제어 시스템에 개방형 통신기술을 채택하여 설비별 제어시스템 간 에너지관리 데이터의 호환과 집중제어가 가능한 시스템	1	1	1	1	적용 여부						
	11.전체 조명설비 전력에 대한 LED 조명기기 전력 비율(%) (단, LED 제품은 고효율에너지기자재인증제품인 경우에만 배점)	4	4	4	4	30 % 이상	24 %이상 ~30%	17 %이상~24%	10 %이상 ~17%	5 %이상 ~10%		
	12.제5조제11호아목에 따른 대기전력자동차단장치를 통해 차단되는 콘센트의 거실에 설치되는 전체 콘센트 개수에 대한 비율	2	2	2	2	80% 이상	70%이상 ~80%	60%이상 ~70%	50%이상 ~60%	40%이상 ~50%		
	13 제5조제11호거목에 따른 승강기 회생제동장치 연계 냉난방설비 자동 제어시스템을 채택	1	1	-	-	적용여부						
	14. 전력기술관리법에 따라 전력신기술로 지정받은 후 최근 5년 내 최종 에너지사용계획서에 반영된 제품	2	2	2	2	적용여부						
	15. 무정전전원장치 또는 난방용 자동 온도조절기 설치(단, 모든 제품은 고효율에너지기자재인증제품인 경우에만 배점)	1	1	1	1	적용여부						
공동주택	16.도어폰을 대기전력저감우수제품으로 채택	-	-	1	1	적용 여부						
	17.홈게이트웨이를 대기전력저감우수제품으로 채택	-	-	1	1	적용 여부						
	전기설비부문 소계											
신재생부문	1.전체난방설비용량에 대한 신재생에너지 용량 비율	3	3	4	3	2% 이상 적용 여부 (단, 외부의 내상 건축물은 4% 이상)						
	2.전체냉방설비용량에 대한 신재생에너지 용량 비율	4	4	-	3	2% 이상 적용 여부 (단, 외부의 내상 건축물은 4% 이상)						
	3.전체급탕설비용량에 대한 신재생에너지 용량 비율	1	1	4	3	10% 이상 적용 여부 (단, 외부의 내상 건축물은 15% 이상)						
	4.전체전기용량에 대한 신재생에너지 용량 비율	4	4	4	3	2% 이상 적용 여부 (단, 외부의 내상 건축물은 4% 이상)						
	신재생부문 소계											
평점 합계(건축+기계+전기+신재생)												

기본배점은 모두 12점 ?

HID High Intensity Discharge → 고압, lm↑

문) EPI 전기설비부문 비주거만 해당항목 ☆

1. 항목
   - 변압기 대수제어
   - 실내조명설비 군별 or 회로별 자동제어설비
   - 전력량계 층별, 임대구획별 설치
   - 승강기연계 냉난방자동제어 S 채택

2. 세부설명
   - ① 변압기 대수제어: 전등/전열, 동력, 냉방용 등으로 구분, 같은 용도 2대 이상 설치된 변압기간 연계제어 적용여부
   - ② 조명설비 군별 회로별 자동제어: 전체 조명전력의 40% 이상 적용여부
   - ③ 층별 및 임대구획별 전력량계 설치: 층별 1대 이상 + 임대구획별 전력량계 설치여부
   - ④ 승강기연계 냉난방설비 자동제어시스템 적용여부

문) EPI 주거부문사항 주거만 해당항목

1. 항목
   - Door phone 대기전력저감 우수제품
   - Home Gateway 〃

2. 세부설명
   - ① Door Phone을 대기전력저감 우수제품으로 채택: 적용여부
   - ② Home Gateway 〃 채택: 적용여부

○ 차등기준 배점: 20 미만, 20 미만, 40 이상, 5 이상 ... 압밀머 L

○ 적용유무 배점: 최변 자유MZ 연불유 창신도 홈

	건축	기계	전기
적용여부	3	1	8
차등적용	3	10	5
구조별배점	8	5	4
	14	16	17

대기전력

※ 0.5 W A × 30분 6층 대기전력자동차단

"한국에서 이 W A × 3층 유지 서비스 가능"

난방설비 / 비보일러) 실내 전체 / 실외) 합산전체

LED 고효율인증비용 8,000,000원/회

조명설비
1. 수배전설비 3. 4. 9
2. 조명설비
3. 전력설비 : 1. 5. 6. 11
4. 자동제어·기타 : 2. 7. 8. 12
(5. 간선설비)

DCS 분산제어
DDC 집중제어

1차 시험 서브노트

건축환경
건축기계설비
건축전기설비
에너지
법규

건축환경 1차시험 서브노트

건축계획일반

정방형 : 냉방부하 小 / 동서축 1.5:1 : 모든 경우 최적

풍속저하역 : 건물후면 풍속저하+역류 → 환기효과감소(여름), 열손실감소(겨울)

지중열이용 : Cool Pit(Cool Heat Trench), Cool Tube(이중외피연계) : 간접방식

Thermal Labyrinth : 열 미로 : 외기유입경로를 구조체자체 이중벽으로 미로 구성

배치 : 최상층, 사용빈도↓층 : 완충공간으로 활용

외주부 : 외벽에서 5m

건축물 Passive Design Guideline : 자연광 / 자연환기 / 양단 or 편심코어 / 외주부 조닝

조명부하 증가요인 : 실면적小 / 천장高 / 장방형

최상층, 외주부에 기계실, 서비스실, 사용빈도 少室배치 : Buffer Zone

미기후 : 계획자의 의도에 따라 변화가능 : 수평100m, 수직10m

비오톱 : 특정한 식물과 동물이 하나의 생활공동체를 이루어 지표상에서 다른 곳과 명확히 구분되는 생물서식지

건물생태기후도 : 설비형태양열 / 자연형태양열 / 쾌적대 / 축열체자연냉각 / 축자+야간통풍

습공기선도상에 표시함

Climograph : 기온+습도 / Hythergraph : 강수량+기온

완충공간 : 발코니, 태양굴뚝, 아트리움, 일광욕실 Sunroom, 이중외피, 축열체

아트리움은 국부난방이 유리함

성층화 : 층고 高 → 상층부 하층부 온도차 大 : 대책 - 복사난방, 천장Fan

Displacement Ventilation : 건축물 통풍시스템 - 외기를 직접 주입하는 환기시스템

HD 난방도일 Heating Degree Day : (실내평균기온-외기평균기온)x日數

연료소비량 추정평가에 사용(표준기상Data는 E요구량 평가기준)

BPT 균형점온도 Balancing Point T : 난방개시시점 → 열손실량과 열획득량이 균형을 이룰 때

가변DD방식에서 도입

note

Passive 건축계획

태양열S

자연형	직접획득		
	간접획득	축열벽	Trome Wall : 물벽 / 콘크리트벽
		축열지붕	Roof Pond
	분리획득	부착온실	집열축열부, 이용부 격리
		자연대류	
	이중외피	지붕 및 북측벽의 1/2이상 이중외피적용	
설비형	태양광		
	태양열	액체식 / 공기식 집열기	집열부, 축열부, 이용부

공기식집열기 : 열용량↓, 열교환기 축열조↑

건축에너지해석

E해석단위 : 부하, E사용량, E비용

E해석기법 : 단일척도분석법(DD, 난방only) / 다중척도분석법(BIN, 냉난방) / 동적분석법

동적분석법 : TFM법 - ASHRAE에서 채택

표준기상데이터 : 해당지역 기후특성 대표키 위해 10년간 통계처리 → E요구량 평가표준

온도(건/습), 습도(절/상), 풍(향/속), 일사량/운량, 기압, 비체적

ECO2 : 공단의 시뮬레이션 (Energy+ 는 미 에너지부)

BEMS : E절감 통합시스템 - 공조, 위생, 정기, 조명, 방재, 보안

외피계획

S/V비 : Surface / Volume

차양 : 수평형-남향 / 수직형-동서향 : 격자>수평>수직 → 연간부하감소순서

수직형 : 태양고도 낮고 방위각 클 때 적용

유리 일사열취득계수 **SHGC** (Solar Heat Gain Coefficient) : 0~1 : 낮을수록 냉방부하감소

방위별 창계획 : 동서남 : SHGC↓ / 북 : 단열성능↑ 好

가시광선투과율 VT : 0~1

차폐계수 SC : 0~1.0 : 클수록 방사열전달 감소

3mm 맑은 유리 = 1.0 → 높을수록 빛 투과多 : 차폐계수 = 일사투과율

note

Low-E유리 : 외측부터 1면 : 2면(냉방부하高) / 3면(난방부하高) / 2,3면

창면적비 = 창면적 / (외벽면적 + 창면적) : 40%이하설계(외단열시 50%이상부터 득점)

남서창 차양 : 창면적의 80%이상 설치시 1점, 60,40,20,10 이상

창계획우선순위 : 남동서 : 창면적비 > K > 조명제어 > 차양

북 : K > 창면적비 > 조명제어 > 차양

창 기밀성능 : 단위면적당 시간당 통기량 m3 / m2h

창 E소비효율등급 : 단열성능 기밀성능에 따라 1~5등급

1m2이상, Frame과 유리가 결합되어 판매되는 창세트에 적용

단열, 보온

전도 : 물질을 통한 분자운동의 전파 / 복사 : 표면에서 표면으로 공간을 통해 전달

대류 : 매체를 통한 열전달

열관류율 $K(W/m^2K) = 1/R$

열관류저항 $R(m^2K/W) = 1/\alpha i + \Sigma d/\lambda + 1/\alpha o$

$1/\alpha i$ 실내표면 열전달저항 : **0.11(수직면), 0.086(수평면)** — αi : 실내표면 열전달율

$1/\alpha o$ 실외표면 열전달저항 : **0.043** — αo : 실외표면 열전달율

실외	실내
(직접)0.043	0.11(실내수직면)
(간접)0.11	
	0.086(실내수평면)

저항력 : 실내V,간접V > 실내H > 옥외VH

중공층열저항 : 0.086 x 두께cm (공장생산은 2cm까지, 현장시공은 1cm까지 인정)

내부 반사형단열재 : 방사율0.5이하 -- 1.5배, 방사율0.1이하 -- 2.0배 적용

각층 표면온도산출법 : 열이동량은 동일 $Q = K A \Delta t$

note

부위별단열설계

축열체 : 열용량大 건축요소활용 : 4계절 뚜렷할 경우 유리

열용량=질량x비열

Time Lag 길고, 진폭감쇄율 Decrement Factor 작아야 축열체에 유리

남측에 큰 유리창설치. 유리면에서 10cm 이격하여 축열체 설치

한대 0.43~1.0 m^2/m^2 온대 0.22~0.6 m^2/m^2

Time Lag : 열용량 Zero벽체와 비교한 열류피크 지연시간

Decrement Factor : 온도변화에 따른 진폭감쇄율 : 열E확산성 지표

단열형태 : 저항형 / 반사형(냉난방 모두 사용) / 용량형(지연효과 활용) : 내단열 / 중단열 / 외단열

중부 : 서울경기, 강원(6시제외), 충북(영동제외), 충남천안, 경북청송

남부 : 충남, 경남북, 전남북, 강원6시, 충북영동

중부K : 외기직접지붕 0.180 < 최하층난방바닥 0.230 < 외기간접지붕 0.260 < 외벽 0.270 < 층간바닥 0.810 < 외기창(아파트) 1.500(W/m²K)

층간바닥은 남부,중부,제주 동일   지붕<바닥<지붕<벽

단열재 가(好) 20±5°C : 0.034 W/m²K

나 : 0.035 ~ 0.040 / 다 : 0.041 ~ 0.046 / 라 : 0.047 ~ 0.051

간격차 0.005   0.005   0.004

단열재두께 (가) :

180

120

(간접 80)

30mm

140(비난방 110)

열관류율(중부)

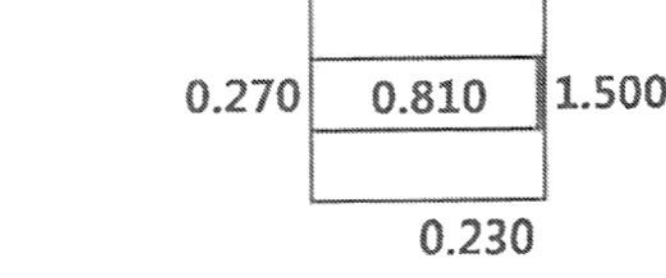

note

냉난방부하

난방부하 방위보정계수 : 북 1.2 ~ 동서 1.1 ~ 남 1.0

상당온도차 : 외기+일사 감안한 실내외 유효온도차

잠열발생부하 : 외기, 틈새바람, 인체, 기기발열

현열 only : 조명, 배관, 펌프

습기, 결로

내부결로 : 노점온도구배 < 실내온도

포화수증기압=포화수증기량 : 특정온도에서 포화시 수증기량 kg/m3 절대습도 : kg/kg'

습공기엔탈피 = 건조공기엔탈피 + 수증기엔탈피

= 건조공기비열 x 온도 + (0℃포화수 증발잠열 + 수증기비열 x 온도) x 절대습도

= 1.01 t + (2501 + 1.85 t) x (KJ/kg)

인체열손실 : 복사 45%, 대류 30%, 증발 25%

열쾌적 4대요소 : 온도, 습도, 기류, 복사열 : 16~28℃, 40~70%RH, 0.5m/s↓, MRT ±2℃

공기조화 4대요소 : 온도, 습도, 기류, 청결도

MRT 평균복사온도 : 인체가 주위환경과 복사열교환을 하는 것과 같은 양의 복사열교환을 하는 균일한 주위온도

PMV Predicted Mean Vote 예상온열감반응 : Fanger교수, 7단계

+3덥다 +2따뜻 +1약간따뜻 0알맞다 -1약간시원 -2시원 -3춥다

권장환경조건 : 평균 +0.5 ~ -0.5, 불만족률 10% 이하

유효온도 ET : 온도 습도 기류

수정ET, 신ET, 표준ET : 온도 습도 기류 + 복사열 : 등온감각온도 同一, 그외는 습도x

표준ET : ASHRAE채택. RH50%, 0.125m/s, 활동량 1Met, 착의량 0.6clo 환경기준

건구온도측정 : 보통온도계

평균복사온도(MRT) 측정 : 흑구온도계 or 글로브 온도계

note

환기

환기 vs 침기

IAQ 신축아파트 VOC기준(μg/㎥) : 벤젠 30, 포름알데히드 210, 스티렌 300, 에틸벤젠 360, 자일렌 700

공조설비 실내공기 기준 : 미세먼지 0.15mg/㎥ 이하, 환기 0.5회/h 이상

Bakeout : 밀폐→난방→환기 / 35℃ / 8~10시간

자연환기 : 연돌효과, 벤츄리효과, 맞통풍, Night Purge

벤츄리효과 : 풍속↑압력↓ : 환기용돌출지붕, Top Light, 환기용굴뚝, 돌출지붕

Night Purge (Night Flushing) : 낮동안 축열된 구조체를 저녁에 환기구 개방으로 열배출

저녁 20~22℃ 효과적, 최소 24℃이하 필요 / 개구부 크게

장마시 결로 유의 / 비 들여침 주의 / 중간기 냉방효과에 기여

외기냉방 : 낮동안 외기인입, 중간기+동절기 / 나이트퍼지 : 밤동안 실내열 배출, 중간기

비스듬한 바람, 개구부 비대칭 배치 : 환기에 효과적

통풍효과　유입구 < 유입구+유출구

유입구 < 유출구 (맞통풍 개구부면적이 같을 경우)

개구부돌출창, Wind Scoop 無 < 有

실내외온도차 小 < 大

중성대 : 유입압력=유출압력=Zero, 공기 유출입 많은 위치로 중성대 이동

중성대~개구부 멀수록 환기 잘됨

note

환기량

온도차 $Q = K A \sqrt{h \Delta t}$ Q개구부환기량, K개구부저항계수, h개구부간 수직거리, A개구부면적

풍압 $Q = \alpha A \sqrt{(풍압계수차)} V$ α 개구부유량계수, V 유속

비례 : 유속, 개구부유량계수 제곱근비례 : 온도차, 개구부간수직거리, 풍압계수차

환기량 = 횟수 x 회당환기량 = 시간당환기횟수 x 실체적

오염가스에 의한 환기량 : 발생량 = 환기량 x 농도차

수증기발생에 의한 환기량 : 발생량 = 환기량 x 비중량 x 습도차(절대)

열량공식 : 열량 = 환기량 x 비중량 x 비열 x 온도차

환기시 손실열량 = 환기량 x 공기밀도(1.2 kg/㎥) x 공기비열 x 온도차

냉방시 실내현열부하 = 송풍량 x 공기비열 x 온도차(실내-급기)

외기 잠열부하 = 침입공기량 x 공기밀도 x 증발잠열(2501 KJ/kg) x 절대습도차

공기비중 = 공기밀도 = **1.2 kg/㎥**

환기1종 : 냉난방거실, 기계전기실, 수술실 / 2종 : 클린룸 / 3종 : 화장실, 주방

ACH : Air Changes per Hour

note

빛환경

파장 짧→긴 : 자<가(보~빨)<적

용어

명칭	광속 光束	광도 光度	조도 照度	광속발산도	휘도 輝度
의미	빛량	빛세기	밝기	물체밝기	표면밝기
기호	F	I	E	R	B
단위	lumen lm	candea cd	lux lx	radlux rlx	cd/m2 니트 nt
		광속/입사각	광도 비례 거리² 반비례		

국부조명

전반조명

작업환경조명 : TAL

Task Ambient Lighting

조도 = 광도 / 거리² $E = I / d^2 \cos\theta$ 바닥 85cm기준

명시조건(보임 조건) : 크기 밝기 대비 시간

명순응 3분, 암순응 30분

퍼킨제효과 : 주야로 선명히 보이는 색상이 다른 것 : 저녁(푸른색), 낮(붉은색)

광막반사 : 휘도가 높지 않으나 잘 안 보임. 잡지 반짝거려 안 보임, 창옆 모니터 안 보임 등

균제도 : 조명(휘도, 조도, 주광률) 분포의 균일정도 = 최저조도 / 최고조도

조도균제도 : 인공조명 1/3**이상**, 주광조명 1/10이상

실루엣 vs 창가모델링

실내상시보조 인공조명 **PSALI** : 조명을 보조하기 위한 인공조명(CIE 정의)

PSALI Zone의 인공조명 조도수준 = 500 x Zone의 평균주광률(경험식)

note

전일사 51% = 직달일사 26% + 천공일사 25% / 주광 = 직사일광 + 천공광
남향면은 여름 직달일사 적고, 겨울 직달일사 많다
천공일사 = 확산일사 : 대기중 먼지 등의 입자가 산란되어 도달하는 일사
천공광 = 청천공 + 담천공(흐릴때)
자연채광설계광원 : 담천공 - 조도변화 작기 때문
반사일사 : 직달+천공이 비면에서 반사되어 받는 일사
주광률 DF = 작업면조도 / 옥외전천공조도
주광률변화 ↑ : 돌출창, 수직창

지표일사 : 맑은날 = 직달+천공+반사, 흐린날 = 천공+반사 직달+천공=전일사

일조 일사 환경계획
균시차 : 진태양시 ~ 평균태양시
태양고도 : 지표 ~ 태양 각도 / 태양고도각 + 위도 = 90도 ± 23.5(하지+, 동지-)
방위각 :
건물방위 유리순서 : 남 > 남남동 > 남남서 > 남동 > 남서
태양상수 : 대기권밖 태양광선수직면에 입사하는 태양복사E량 / 단위시간, 단위면적
H 1m時 : 춘추분 차양길이 = tan(위도) / 하지 차양길이 = tan(위도-23.5)
차양길이는 하지기준으로 설치
일조율 = 일조시간 / 가조시간

note

채광창

측광채광 : 수직창, 여러 개 분할창이 유리 : 편측광, 양측광, 고측광 → 남북에 위치

고측광 : 통풍x, 조도분포好, 교회당 고미술관 동서時 차양

천창채광 : 조각품전시 but 유리케이스 불리, 채광량-측창의 3배 -- 공조면적의 3%이내

丁측광창 : 미술관 - 연직면 조도好 지붕면적의 3~6%

톱날형 지붕채광 : 북쪽벽면채광

자연채광장치 : 태양광채광

방식 : 자연광채광(고정방식) / 설비형채광(추미+구동)

자연광채광 : 창, 반사루버, 광선반

설비형채광 : 반사거울, 프리즘, 렌즈+광섬유

Passive(비집속형) : 프리즘-광닥트방식

Active(집속형) : 렌즈-광섬유방식 / 반사거울-광섬유방식 : 산란광 不可

반사거울방식

채광장치에 Albedo 높은 재료사용 Albedo = 반사광E / 입사광E

채광창설치면적 산정

창면적 x 창평균주광률 x 0.4(이용률) = 바닥면적 x 실내평균주광률

Aw * 창주광률 * 0.4 = Af * 실내주광률

인공조명

광색 : 색온도高靑 低赤

연색성 : 백열등 > Metal Halide2 > 형광등3 > 수은등4 > 나트륨등 백메형수나

연색성 꼴지 : 나트륨등

발광효율 : 나트륨등 > Metal Halide2 > 형광등3 > 수은등4 > 백열등

할로겐램프 : 長수명, 흑화小, 연색성好

무전극형광램프 : 長수명, 고효율램프

명시조명 : 물체를 확실히 보는 것이 주목적인 조명 → 전반국부조명으로 가능

조명설계순서 : 조도 → 전등종류 → 조명방식 → 광원배치 → 광속계산 → 등배치계획

건축화조명 : 코브L ㄴ, 벽면조명(밸런스L ㅣㅣ, 코니스L ㄇ), 다운L → 눈부심감소

거실벽 그림조명 : 코니스 조명

note

광속법 : FUN = AED

F광속 U조명률 N갯수 A방면적 E조도 D감광보상률

조명률 = 작업면광속 / 광원총광속

감광보상률 : 조명기구사용에 따라 작업면조도가 점차 떨어져, 이를 예상한 여유

직접조명 1.3~2.0 간접조명 1.5~2.0

유지율 M = 1/감광보상률

실지수 G = XY / H(X+Y) H:등고(작업면~광원)

실계수 = Z(X+Y) / 2XY Z:천장고 -- 광속발산도 검토

조명기구간격 : 등~등 ≤ 1.5H, 등~벽 ≤ 0.5H(벽가까이작업시 ⅓H)

실내조도기준(lx) : 설계 700 > 회의 300 > 독서, 식사 150

건축환경계획

Passive House : 난방E 60%이상 절감 고기밀측정법 : 주로 압력차측정법

이중외피유형 : 박스형 / 복도형 / 다층형

Zero E House

Passive 고단열, 고기밀, 고성능창호, 외부차양, 이중외피

Active 신재생에너지

지구환경

GWP 지구온난화지수 : 교토의정서 : CO2 : 적외선 대기층재반사 온도상승

공동이행제도(JI) : 선진국 + 선진국

청정개발체제(CDM) : 선진국 + 개도국

ODP 오존층파괴지수 : 몬트리올 의정서 : CFCl3 : 성층권도달 오존층파괴 자외선도달량증가

note

건물E절약 필요성

건물E : 한국21%, 전세계40%　　E해외의존도 96%, E안보

화석연료사용 → 지구온난화+자원고갈, GWP, 교토의정서 6대온실Gas

CO2 산업혁명 280ppm → 현재 400ppm

E고갈 : 석유40년, 천연G60년, 석탄150년

온실효과 Greenhouse Effect

태양 방사 복사열은 短파장 : 대기권, 유리 통과

복사열 받은 물체는 열을 재방사 : 長파장으로 유리 대기권 통과 불가

CO2 방출과다는 온실효과 가속화 : 과거엔 필요 but 지금은 우려할 상황

건축물 E절약을 위한 환경조절방법

자연형조절(남면경사지,남향,단열,축열,일사차폐,자연통풍,자연채광)

설비형조절(공조,난방,냉방,기계환기,국부배기)

자연형 우선, 설비형은 자연형한계보완

건축물 E절약을 위한 접근법

1단계 : 건물의 기본설계 -- E60% 절감가능

2단계 : Passive System 적용 -- 축열벽, 부착온실, 광선반, 高窓 : E20%절감가능

3단계 : Active System 적용 -- 고효율기기, LED, 설비형태양열S, HP, 폐열회수장치 : E8%절감가능

냉난방E요구량 감축 환경계획방법 → 위 1단계의 상세서술

배치, 형태 : 남향, SV비 SF비 낮게

구조 : 고단열 / 고기밀 / 창면적비↓ / 외단열 / 로이유리 / 출입문 방풍구조

건물생태기후도

Building Bioclimatic Chart

인체를 쾌적한 상태로 만들어 주기 위한 건축설계기술들을

습공기선도상에 Zone별로 표시 → 우선순위 Passive계획 검토지원

17개 지침Zone구분

<그림>　　자연통풍　　감습설비

자연형태양열　　쾌적대　　축열체 자연냉각　　축자+야간돌풍　　공조설비

설비형태양열난방

note

기계설비 1차시험 서브노트

공조부하계산

온도위험률 : TAC2.5% 냉난방기 분리한 온도출현분포 사용, TAC1% 연간총시간

실내조건 : 냉방26℃, 난방22℃, RH 40~50%, 기류 0.5m/s, CO 10ppm, CO_2 1000ppm

E절약설계기준 : 난방20~22, 냉방26~28

냉난방부하계산

외피손실 : **K A Δt k**(W) : K A Δte (상당외기온도차, 복사열 있을 때)

상당외기온도차보정 = 설계 외기온도차 + (실제실내외온도차 - 설계실내외온도차)

극간풍, 외기부하 : 현열0.34 QΔt, 잠열 834QΔx (외기부하는 Qo)

G C Δt = 풍량(무게 kg/h) x **비열(KJ/kgK=1.01)** x 온도차

풍량(kg/h) = 풍량(부피 ㎥/h) x **밀도(kg/㎥=1.2**, 20℃기준)

닥트손실 : 난방부하계산 -- 실내현열손실량의 10% / 냉방부하계산 -- 실내현열부하의 1~3%

내부부하 : 난방 N/A : 냉방 (현열+잠열)*人

잠열 : 극간풍, 인체, 실내기구발열, 외기도입

실내부하 외부침입 : 외피, 극간풍

실내발생 : 인체, 조명, 실내기구

기기부하 : 송풍기, 닥트

재열부하

외기부하 : 외기도입

습공기선도 h(i)-x선도

t 건구온도	Pw 수증기압	td 노점온도
t' 습구온도	h 엔탈피	포화곡선
x 절대습도	포화도	SHF 현열비
φ 상대습도	v 비용적(비체적)	u 열수분비

note

절대습도 = 0.622 x 분압 / (전압 - 분압)

포화증기 절대습도 = 0.622 x 포화수증기분압 / (습공기전압 - 포화수증기분압)

현열비선 **SHF = 현열 / 전열**(현열+잠열) = 감열비 = 현열비

엔탈피선 : 어떤 점의 습공기가 가진 열량 KJ/kg

? 20℃ 물의 엔탈피 : 20kcal/kg x 4.19KJ/kcal (1kcal=4.19KJ)

정압비열 KJ/kg : 공기 1.01, 수증기 1.85, 얼음 2.1, 물 4.19

잠열 KJ/kg : 증발 2257, 승화 574, 응고 334 건축환경교재에는 증발잠열 2,501 KJ/kg

잠열 kcal/kg : 증발 539, 승화 137, 응고 80

단열포화온도 : 습공기+물 단열상태장시간후 포화공기온도=물온도

I kcal = 4.19 KJ

1 W = 1 J/sec = 3.6 KJ/hr = 0.86 kcal/hr 열용량=질량x비열

물의 삼중점 : 고체상 액체상 기체상 평형상태 : 273.16K(0.01℃), 0.611kPa

중앙식 공조방식 ≠ 개별식(냉매방식)

전공기	단일닥트 : 정풍량(재열기時 여름Boiler 가동), 변풍량(VAV Unit) 이중닥트 : 냉온풍 닥트별개, 혼합챔버, 동시에 냉난방가능 멀티존유닛 : 이중닥트의 변형, 혼합공기수=Zone수 각층유닛 : 각층마다 AHU 설치
공기-수	유인유닛 : Induction Unit -- 개별제어용이, 사무실 호텔 병원 등 고층건물 외주부 유인비 = (1차공기+2차공기)/1차공기 : 3~4 닥트병용 팬코일 유닛 복사냉난방 **E유리순 : 변풍량→FCU→유인Unit→멀티존Unit→이중닥트**

전수방식 : 팬코일유닛

note

공조설비

RA70%+OA30% → 공기여과기 → 냉각코일 → 가열코일 → 가습기 → 송풍기

불쾌지수 UI Uncomfort Index = 0.72 * (건구온도 - 습구온도) +40.6

닥트의 Aspect비 : 4:1 이하

Cold Draft 원인 : 인체주위 공기온도 ↓, 기류속도 ↑, 습도 ↓ / 벽면온도 ↓ / 극간풍 ↑

풍↑, 온도↓

신기술 : 바닥취출공조(급기거리 18m), 저온공조(1~4℃ 냉수공급)

환기설비

자연환기 : 온도차 + 바람

기계환기 : 제1종(급기+배기:수술실,전기계실) / 제2종(급기:반도체공장,무균실,클린룸)

/ 제3종(배기:화장실)

환기량 : 횟수*회당환기량

오염가스에 의한 환기량 계산 : **발생량 = 환기량 x 농도차**

PPM : 100만분의 1

송풍기

Fan 10kPa미만, Blower 100kPa미만, Compressor 100kPa이상 F<B<C

송풍기번호 = 임펠라(회전자)지름 / 150(원심식-실로코형), 100(축류형-베인형)

상사법칙 : 풍량 ∝ N1, D3 / 풍압 ∝ N2, D2 / 동력 ∝ N3, D5 : N회전수, D임펠라지름

량 압 력 : N,D 1,3 2,2 3,5

풍량제어효율 : **회가베스댐** : 회전수>가변피치>베인>스크롤댐퍼>(흡입)댐퍼>**(토출)댐퍼**

축동력 = 풍량 x 전압 / 102 x 효율 풍량단위 : **㎥/sec**

??? : 송풍기 소요동력(kw) = 정압mmAq*송풍량m3/min / 75*효율*60min/hr

note

열원설비 - 냉동기, 냉각탑

1 냉동톤 RT : 0℃물 1톤 → 0℃얼음 / 24hr = 3024 kcal/hr

냉각탑 Cooling Range = 냉각수 입구온도 - 냉각수 출구온도 : ↑好

냉각탑 Cooling Approach = 냉각수 출구온도 - 냉각수 입구습구온도 : ↓好

압축식냉동기 : **압 응 팽 증**

흡수식냉동기 : **증 흡 재 응** : 증발기 > 흡수기 > 재생기(발생기) > 응축기 : ㅈ ㅎ ㅈ ㅇ

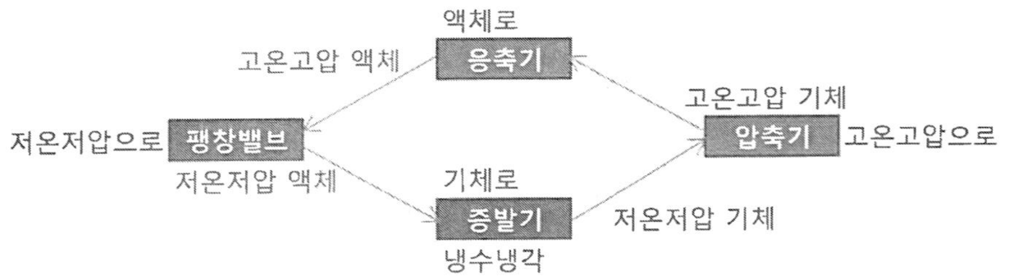

액체로
고온고압 액체
응축기
고온고압 기체
저온저압으로
팽창밸브
압축기
고온고압으로
저온저압 액체
기체로
증발기
저온저압 기체
냉수냉각

가정용에어컨 : 실내기=증발기+팽창기 / 실외기=응축기+압축기

몰리엘 선도 : Y냉매압력 X냉매엔탈피

냉동기 성적계수 **COP = 냉동효과 / 압축열량**

실제적 성적계수 = 이론적COP * 압축효율 * 기계효율

기준냉동싸이클 : 냉동기성능비교용 : 응축온도 30℃, 증발온도 -15℃

Heat Pump : 4계절사용. HP COP = 1+COPr

냉각수관 : 냉동기 ~ 냉각탑 : 단열불필요

note

열원설비 - 반송설비 : 닥트

고속닥트 : 풍속 15m/s 초과 : 정압 ±50mmAq 초과

송풍기풍량 = 필요풍량 * 110%

누설시험 누설량기준 : 全송풍량의 3~10% (고속닥트는 1%이하)

닥트치수결정법 : 등마찰손실법(정압법) / 등속도법 / 정압재취득법

정압법 : 닥트길이당 마찰손실 일정 -- 말단 풍속풍량감소, 소음↓

등속법 : 닥트 가부분의 풍속일정 -- 분체수송, 공장환기에 사용

정압재취득법 : 취출구 or 분기부 직전 정압 일정유지

Gate Valve : 개폐용, 유량조절곤란, 슬루스 밸브

Check Valve : 역류방지용

Glove Valve : 유량조절용

Ball Valve : 작은 관경 유량 조절용

배관 신축이음 : 루프형, 슬리브형, 벨로즈형, 스위블형

열원설비 - 보일러

보일러용량 : 1 톤/hr = 물1톤을 1시간에 증기로 = 539,000 kcal/hr

보일러 급수펌프 소용동력(kw) = **비중 x 송수량 x 양정 / 102 x 효율**

kgf/㎥ **㎥/sec** m

보일러 급수장치 : 펌프, 인젝터, 환원기

펌프 공동(Cavitation)현상 : 흡입압력<포화증기압 → 기포, 소음+진동

대책 : 펌프설치위치 낮게 / 입형펌프, 양흡입펌프 사용 / 흡입수두손실 적게

펌프회전자를 물에 잠기게 / 펌프회전수 낮기, 흡입속도 작게

흡입관경 크게, 길이 짧게

펌프 맥동현상 : 송출압력, 송출량의 주기적 변화 → 압력계지침 흔들림

note

보일러 송기장치 : 비수방지관, 기수분리기, 증기축열기, 감압밸브, 신축이음, 증기헤더, 증기트랩
폐열회수장치 설치순서 : 연소실 > 과재절공 > 굴뚝 : 과열기 > 재열기 > 절탄기 > 공기예열기

보일러 **상당증발량** = 증발량 x 엔탈피차이 / 2257
표준대기압 + 100℃포화수 → 100℃건조포화증기 로 증발하는 시간당 능력
상당증발량 = 환산증발량 = 기준증발량
보일러 1 HP 마력 = 상당증발량 15.65 kg/h, 전열면적 0.929m2, 상당방열면적 13m2EDR
보일러 마력 = 상당증발량 / 15.65
증발배수 = 증발량 / 연료소비량
상당증발률 = 상당증발량 / 전열면적

난방설비
중앙난방 = 직접난방(**증기,온수**,복사) + 간접난방(**온풍**,공조)
증기난방 : 저압식0.15~0.35kg/cm2 / 고압식 1kg/cm2이상
: 단관식 / 복관식(증기와 응축수가 다른 배관)
온수난방 : 단관 / 복관 / 역환수관(Reverse Return:공급배관길이=환수배관길이)
팽창탱크 : 온수팽창 이상압력상승 흡수 - 배관,장치 파손방지 :
복사난방 : 바닥P 35℃이하, 천정P 50℃까지 가능
지역난방 : 고압증기 or 고온수(구배 1/250이상) 사용

증기트랩 : 방열기 환수구(출구)에 설치

열역학법칙
제1법칙 밀폐계에서 임의의 사이클을 이룰 때, 열전달의 총합은 이루어진 일의 총합과 같다
제2법칙 사이클과정에서 열이 모두 일로 변화할 수 없으며, 비가역과정을 한다
제3법칙 어떤 방법으로도 물체온도를 절대영도(0도K)까지 내릴 수 없다
균질한 결정체의 엔트로피는 절대영도부근에서는 절대온도의 3승에 비례한다

note

전기설비 1차시험 서브노트

전기이론

전류 = 전하량/시간 I=Q/t (c/sec)

직류 I : 단위시간당 이동하는 전하량 / 교류 i : 시간에 대한 전하의 변화량

저항 R(Ω) / 컨덕턴스 G(저항의 역수) : 온도상승시 저항증가 - 반도체는 반대

전압 V = 일/전하량 W/Q

☞ 콘덴서는 반대

R1 ----^^^------^^^---- R2 (직렬)	$R=R_1+R_2$
R1, R2 병렬	$1/R=1/R_1+1/R_2$

전력 P(W) = 전압 * 전류 $VI = I^2R$ / 1 W=1 J/s

임피던스 : 큰 AC 개념의 저항

리액턴스 : 교류흐름을 방해하는 저항성분의 하나

역률 cosθ = 유효전력 / 피상전력 = 전기기기 사용전력 / 전기기기 표시전력

3상교류 : 유효전력 = √3 V I cosθ   피상전력 = √3 V I

단상교류 : 유효전력 = V I cosθ   피상전력 = V I

(피상전력)² = (유효전력)² + (무효전력)²

정현파 평균값 : 2/π Vm < 실효값 1/√2 Vm

도선의 발생열량(J) = 전력(W) x 시간(s) = P t (J) = 0.24 P t (cal)

전압변동률 = (1차전압-2차전압) / 2차전압

전원설비

단로기 DS : 무부하전류 개폐

전력퓨즈 PF : COS와 유사기능

계기용 변압변류기 MOF : 전력량 적산용 저압, 저전류로 변성

전력용 콘덴서 SC : 진상 무효전력을 공급하여 역률개선

Cut Out Switch COS : 기계 기구를 과전류로부터 보호

정류기 : 교류 → 직류 / 인버터 : 직류 → 교류

note

수변전설비

에너지절약대책 : 저압부하말단부에 역률조정용 콘덴서 설치

배전방식 : 단상3선 or 3상4선

전압강하율, 전선굵기, 고효율모터, 과용량, 정류장치효율, 고효율조명기기

E절약 : 1단강압 > 2단강압

부하율 : 평균전력/최대전력 : ↑好

최대수요제어 : 전력회사제도 + 기기보급책 + 수용가측면

콘덴서 용량 Q(KVA) = P(KW)*(tanθ1 - tanθ2) cf. $\cos^2\theta+\sin^2\theta=1$, $\tan\theta= \sin\theta/\cos\theta$

tanθ1 : 개선전, tanθ2 : 개선후

변압기

종류 : 油入, 건식, Mold(多), Gas, Amorphous(고효율), 자구미세화(레이저코어)

全전류 = 여자 + 부하

여자전류 = √(철손전류²+자화전류²) : 무부하전류

철손(Pi) : 무부하손 동손(Pc) : 부하손

히스테리시스손 Ph : 규소사용

와류손 Pe : 철심을 얇게 성층, Eddy Current

변압기효율 = 출력 / (출력+손실) 전동기효율 = (입력-손실)/입력

출력 = 부하율*피상전력*역률

손실 = 동손*(부하율)² + 철손

변압기용량 = 부하용량 x 수용률 / 부등률

변압기용량 = [부하설비용량 / (부하역률*효율)] x 수용률

수전변압기 적정용량판단계수 = 연간 전력사용량(kWh) / 변압기용량(kVA)

최대효율시 변압기 부하율 1/m = √(철손/동손) = √(Pi/Pc)

note

3상변압기 병렬운전조건 : 다음이 같아야 함
극성 / 권수비 / 1,2차 정격전압 / %Z강하 / 리액턴스강하 / 저항, 리액턴스비 / 상회전방향 / 위상변위

병렬운전시 부하분담 : 전격용량에 비례 / 누설임피던스(임피던스강하, %Z)에 반비례
정전용량은 극판면적에 비례

변압기결선

Y-Y결선 : 전압 낮고, 전류 많은 선로 -- 배전용
Y-Δ결선 : 3상출력은 단상1대출력의 3배. 22.9kV → 380V로의 변환
Δ-Δ결선
Δ-Y결선
V결선 : 이용률 -- (√3 x 1대) / (2 x 1대) = (√3)/2 = 86.6%
Δ결선 대비 출력 -- (√3 x 1대) / (3 x 1대) = (√3)/3 = 57.7%
Δ결선에서 소손으로 V결선되면 변압기출력은 3P → √3P
T결선

변압기역률관리

역률 cosθ = 유효전력 / 피상전력 = 전기기기 사용전력 / 전기기기 표시전력 **< 1**
역률저하원인 : 유도전동기 경부하, 단상유도전동기 방전등보급, 여자전류
역률제어 무효전력에 의한 제어 : 콘덴서 개폐에 의한 제어, 세밀제어가능
역률에 의한 제어 : 역률계전기로 역률검토후 콘덴서 투입 or 개방
프로그램 제어 : 타이머 이용, 간단 저비용
전압에 의한 제어 : 역률제어보다 전압제어용

note

각종 요율
수요전력 = 수요시한내 사용전력량 (15분)x4
부하율 : 평균전력/최대전력 : ↑好 **< 1**

수용률 Demand Factor = 최대수요전력 / 총설비용량 : 40~70% **< 1**
부등률 Diversity = 각설비의 최대전력합계 / 합성최대전력 : 1.1~2.0 **> 1**

기준역률 : 90% : 이상시 95%까지 매1%에 대해 감액. 미달시 매1%마다 기본요금추가
페란티현상 : 송전단 전압 < 설치점 전압
cf. 펌프 공동현상 : 흡입압력<포화증기압 → 기포, 소음+진동

동력설비
직류전동기 속도제어 : 계자제어, 저항제어, 전압제어
유도전동기 : 교류전동기 : 농형 / 권선형
농형 : 저가, 속도제어 불가, 압축기, 펌프
권선형 : 구조복잡, 속도제어용이, 활용다양(Elev, 권상기, 송풍기, Crane)
유도전동기 기동법 : 全전압기동 / Y-Δ기동 / 기동보상기 기동 / 리액터기동
Y-Δ기동 : 기동시 Y, 운전시 Δ
유도전동기 속도제어 : 슬립 / 주파수 / 극수 / 2차여자 / 종속법

3상유도전동기 출력 P = √3 V I cosθ x 효율

고효율전동기 절전요금
요금단가 * 소요출력 * 운전시간 * **(100/표준효율 - 100/고효율)**
인버터에 의한 전동기E절감 : 구동용 전동기회전수를 VVVF 적용제어
전류형 / 전압형(주로 사용)

note

배선설비

간선방식 : 개별 / 나뭇가지 / 병용

간선배선방식 : 배관 / Cable Tray(100A~) / Bus Duct(1000A~)

전압강하기준 (전용변압기 사용시) : 60m이하 간선3%+분기선2%
120m이하 5%, 200m이하 6%, 200m초과 7% → 간선+분기선合

저압배전중 전압강하 : 간선 및 분기회로에서 각각 2%이하, 단 전용변압기시 간선3%

전압강하 : **계수 x 전선1본길이(m) x 부하기기 정격전류(A) / 전선단면적(㎟)x1000**

계수 **17.8** : 단상3선, 3상4선, 직류3선
계수 **30.8** : 3상3선
계수 **35.6** : 단상2선, 직류2선
전선표기 : 70 / 1Cx4 : 단면적 70mm2

불평형률 기준 : 단상3선 40%이하, 3상3선/4선 30%이하 : KVA로 계산

콘센트설비

사무실 콘센트 : 2구C 1개 / 10~20m2, 높이 바닥위 30cm

복도, 홀 콘센트 : 20~30m마다 청소용C 1개

개폐기 및 과전류차단기 위치 : 저압옥내간선과의 분기점에서 3m이하인 곳

전동기 전용 저압옥내선로 : 과전류차단기 ≤ 전선허용전류 * 2.5 **차단기안전율 2.5**
전선 ≥ 정격전류합계 * 1.25 **전선용량여유 25%**

note

신에너지

연료전지(FC), 석탄 액화 가스화 복합발전기술(IGCC), 수소에너지

연료전지 : 직류발생 → 전력변환기에서 교류변환 / 다양한 저급연료사용

개질기 Reformer : 화석연료를 수소연료로 변환

수소에너지 : 액체 및 고체 저장법연구 / 고가

재생에너지

태양광발전 : 직류발전 → 인버터 및 계통연계기에서 교류변환

연계형(역송전 유무), 독립형

3kW / 20~30m2 태양전지 Array면적 필요

태양열 : 자연형 (직접획득, 간접획득, 분리획득, 이중외피) 설비형(태양광, 태양열)

설비형 : 태양열시스템

풍력 바이오에너지 폐기물에너지 지열 소수력 해양

BEMS Building & Energy Management System

note

건축물E절약설계기준

제1장 총칙
제2장 E절약설계에 관한 기준　　제1절 건축부문 설계기준
　　　　　　　　　　　　　　　제2절 기계부문 설계기준
　　　　　　　　　　　　　　　제3절 전기부문 설계기준
　　　　　　　　　　　　　　　제4절 신재생E부문 설계기준
제3장 E절약계획서 및 설계검토서 작성기준
제4장 건축기준의 완화적용
제5장 건축물 E소비총량제

목적 : 다음을 정한다. (근거는 녹색건축물조성지원법)
E절약설계에 관한 기준 / E절약계획서 및 설계검토서 작성기준 / 건축기준완화

E절약계획서 제출대상
연면적 500m2 이상
예외 ①**단독, 동식물원**, ②냉난방x건축물(17호~26호, 냉난방시 500이상은 제출), 기타
17~26호건축물은 냉난방면적 500m2 미만시 제출예외
③냉난방x 변전소,도시가스시설,정수장,양수장,운동시설,위락시설,관광휴게시설
500　같은 대지 모든 바닥면적 합산 / 주거, 비주거 구분계산 / 허가신고후 변경시 총면적

500미만	500이상	
	①	
	②	
	③	

통제　E성능지표 65점이상(공공기관 신축시 74점이상)
제출시기 : 건축허가신청시, 용도변경허가신청 or 신고시, 건축물대장 기재내용변경시
검토 : E관리공단, 한국시설관리공단

note

E이용합리화

E이용합리화조치 대상 : 건축, 대수선, 용도변경, 기재내용변경

예외 냉난방x (창고,차고,기계실 or 내부의 외기개방사용)

E이용합리화조치 : K기준, 단열재두께기준, 건축부문의무사항 준수, 배치구조설비 E합리적이용

건축물E절약설계기준 적용예외

E성능지표 점수기준 열외 : 신기술 or 연간단위면적당E소비총량근거설계

or E효율등급3등급(공공제외) or 친환경주택(공공제외) or 적용불합리인정(건축위심의)

완화규정 열외 : 증축, 용도변경, 기재내용변경(예외: 별동증축, 기존50%이상+2000m2↑)

장관구분 국토+산업 : 건축물E효율등급, 신재생E이용건축물인증

국토+환경 : 녹색건축인증

산업 : 고효율기자재

용어설명

예비인증(완공전) 본인증(완공후)

외단열 : 외벽면적에 대한 창 및 문의 면적비 50%미만時 외단열점수부여

방습층 : 투습도 24시간당 30g/m2이하 or 투습계수 0.28 g/m2hmmHg이하

평균열관류율 : 면적가중계산, 중심선치수기준

고효율 가스보일러 : 고효율인증제품 or E소비효율1등급제품

고효율 변압기 : 산자부고시 "효율관리기자재운용규정"에서 고효율변압기로 정의하는 제품

고효율 조명기기 : 上同

Economizer System : 중간기 or 동계, 도입외기로 냉방부하 감소

중앙집중식 냉난방 : 냉난방면적의 60%이상을 순환펌프, 증기난방설비로 열원공급

가변속제어기 : 인버터 : 정지형 전력변환기-- 전동기의 가변속운전

공공기관 : 중앙행정기관, 지방자치단체, 시도교육청, 지방공단, 대학병원, 국공립학교

거실 : 화장실, 현관 포함

투광부 : 창문면적의 50% 이상이 투광체

공동주택 층간단열재 : 비드법보온판 2호(25K) 이상 사용권장

note

건축의무 : 단열일반, 외벽K 0.6점, 층간바닥, 기밀결로, 기밀성창, 차양 0.6점

단열의무 외기 직간접 거실부위 : 열손실방지조치
예외 지표2m 초과 지하(아파트거실 제외)
지면접 + 난방공간 외벽안선 10m초과부위
간접외기 + 비난방공간 외피 단열시
아파트 층간바닥중 난방x 현관, 욕실
방풍구조 or 150m2이하 개별점포 출입문
면적가중계산 평균열관류율
단열조치 적합판단
지역별, 부위별, 단열재 등급별 이상설치
열저항 또는 열관류율 측정값이 만족
구성재료 λ로 K계산치 만족
창,문은 시험성적서 or 창세트 K값이 E절약설계기준 만족시
열전도율 측정 20±5℃
70도 초과 경사지붕 : 외벽K 적용
바닥난방 공간하부 가 비난방지역時 : 최하층바닥 + 간접외기

E절약계획서 및 설계검토서 제출대상 : **외벽 평균열관류율 0.6점이상**
층간단열재 **Ri ≥ 0.6 Rt** (최하층바닥은 0.7)
공공기관 건축 or 리모델링 E성능지표 건축8번(차양) **0.6(10~20%미만)** 의무 : **교육,업무 3천m2**

기밀의무 방습층, 단열재이음부 시공
외피단열접합부, 틈 밀폐시공
외기面 + 1층 or 지상 출입문은 방풍구조로
예외 300m2↓ 개별점포 출입문 주택 or 사람통행 주목적x 너비 1.2m↓
직접외기 거실창 : 기밀성창 설치
건축권장 외단열, 창문 작게, 단열셔터, 옥상조경

note

1. 외벽평균K : 21 34 31 28
2. 지붕평균K
3. 최하층거실바닥 평균K
4. 외단열점수 : 70%이상 / 70미만 / 60미만 / 50미만 / **30~40미만** + 창면적비 50%미만
외단열적용면적 / 순외벽면적(창제외)
5. 기밀성창, 기밀성문 : 기밀성 1~5등급 : 통기량 5m3/hm2 미만

6. 채광창 : 수영장--바닥면적의 1/5 이상, 그외건물--외주부바닥면적의 1/10 이상
환기개폐창 : 거실외주부 1/10 이상
7. 야간단열장치 : 창면적의 20%이상설치시 1점부여(주거만 해당), 총저항 0.4 ㎡K/W 이상
8. 차양 : 남서창의 10~20%미만 설치(면적비)부터 점수
차양장치 : 외부 / 내부 / 유리간사이   고정식 / 가변식
차양 : 태양열취득률 0.6이하의 차양설치비율
투광부 태양열취득률 = 유리 태양열취득률 x 창틀계수(0.9)
9. 거실외피면적당 평균 태양열취득 : 비주거만 해당
10. 주동출입구 방풍실 or 회전문 : 주거만 해당

11. 세대현관 방풍실 : 주거만 해당
12. 대향동 인동간격비 : 주거만 해당
인동간격비 = 이격거리 / 대향동H (인접대지경계선까지의 이격거리x2 / 대향동H)
13. 공동주택 지하주차장 : 환기,채광창 $2m^2$ * 1개소 / $300m^2$: 주거만 해당
14. 지하주차장x 보상점수 : 주거만 해당

note

설비의무 1. 설계용외기조건 : 위험률2.5% or 1.0%(총) or "별표7"의 외기온습도, **내기는 권장**
2. 펌프 : KS인증제품 or KS에서 정한 효율이상의 제품
3. 배관 및 닥트 단열재 : 건축기계표준시방서 기준 이상
4. 공공기관 : 냉방용량 60%이상을 축냉식전기 or 가스및유류 or 지역 or 소형열병합 or 신재생
1000 ㎡ 이상 신축 및 증축시 해당

설비권장사항

설비용량계산용 설계기준실내온도 : **난방 20℃, 냉방 28℃** (목욕 26~29, 수영 27~30)

급탕용저탕조 설계온도 : 55℃이하, 필요시 부스터히터로 승온

주택1은 2냉방설비, 3공조송풍기, 5이코노마, 9공조기팬, 11타E냉방 없음

지역난방보상 > **난방설비 > 냉방설비** > 개별난방보상 > 열원설비,이코노마이저

설비항목은 모두 60%기준

note

1,2. 기타 난방설비, 냉방설비 배점 : 고효율(1), **1등급(0.9)**, 그외 or 미설치(0.6)

3. 열원설비 및 송풍기 효율 : 60이상 / 57.5이상 / 55이상 / 50이상 / 50미만

   송풍기 : 0.75kW 이상만 적용

4. 냉온수순환, 급수급탕펌프 효율

   급수, 급탕, 순환 Pump : 200 LPM 이하 평균효율계산시 제외

5. Ecomomizer : 전체환기량의 60%이상 적용여부

6. 폐열회수장치 : 전체환기량 60%이상 + 고효율E기자재 인증제품

   열회수설비 설치시 By-Pass설비 설치(중간기 대비)

7. 단열 : 기준대비20%이상 여부 : 급수, 배수, 소화, 배기닥트 제외

8. 열원설비 대수분할 or 비례제어 or 다단제어 : 전체열원설비의 60%이상

9. 공기조화Fan에 가변속제어 : 전체Fan동력의 60%이상

10. 생활배수 폐열회수설비 여부

11. 他**E**냉방이용 축냉전기,G유류,지역,소형열병,신재생 : 100 / 100미만 / 90 / 80 / 60~70미만

12. 급탕용보일러 고효율E기자재 or E소비효율1등급

13. 순환펌프 대수제어 or 가변속제어 : 펌프동력의 60%이상

14. 급수펌프체 가변속제어 : 펌프동력의 60%이상

15. 지하주차장 환기Fan에 E절약제어 : Fan동력의 60%이상

16. 지역난방시 보상점수 : 전체난방용량의 60%이상 적용

    지역난방 등 점수시 : 1(난방설비), 8(열원설비 제어) 점수취득 불가

16. 개별난방시의 8, 13 보상점수

note

전기의무

1. 고효율변압기
2. 역률개선용 콘덴서의 전동기별 설치
3. 간선전압강하 내선규정준수
4. 고효율조명기기, 형광램프전용안정기, 주차장등 및 유도등은 고효율E기자재 인증제품
5. 아파트현관등, 여관객실입구등, 계단실등 : 조도자동조절 조명기구
6. 거실등 : 부분조명가능한 점멸회로
7. 일괄소등스위치 : 층별, 구역별, 세대별(열외: 전용60m2이하주택, CardKey일괄소등)
8. 대기전력차단장치 : 공동주택 : 방별 1개, 전체거실 30%이상
   그외건물 : 전체거실 30%이상

전기권장사항

수전전압 **25kV**이하 : 직접강압방식

승강기 군관리 운행방식

LED > 조명밀도 > 기타

팬코일유닛 : 방위별, 실용도별 전원통합제어

note

1. 조명밀도 : 8미만 / 11미만 / 14미만 / 17미만 / 20미만 : **8미만 +3씩 미만**
2. 간선전압강하율 : 3.5미만 / 4미만 / 5미만 / 6미만 / 7미만 : **3.5미만 4567**
3. **변압기 대수제어 뱅크구성 : 비주거대형만 해당**
4. 최대수요제어설비 적용여부
5. 조명설비 군별, 회로별 자동제어설비 : 전체조명전력의 **40%** 이상여부 : 비주거만 해당

6. 옥외등 HID or LED + 격등조명 + 자동점멸
7. 층별, 임대구획별 전력량계 : 비주거만 해당
8. BEMS or E용도별Metering 적용여부
9. 역률자동콘덴서 집합설치시 역률자동조절장치 여부
10. E제어에 개방형통신기술 여부

11. LED : **30%**이상 / 24%이상 / 17%이상 / 10%이상 / 5%이상
12. 대기전력자동차단 콘센트 : **80%**이상 / 70%이상 / 60%이상 / 50%이상 / 40%이상
13. 창문연계 냉난방자동제어 : 비주거만 해당 : 숙박, 기숙사, 병원, 학교
14. 전력신기술 5년
15. UPS, 난방 자동온도조절기 : 모두 고효율인증제품시 점수부여

16,17. 도어폰, 홈게이트웨이의 대기전력저감우수제품 여부 : 주거만 해당

note

E성능지표 유의사항

구성 : 항목 / 기본배점(a) / 배점(b) / 평점(aXb) / 근거

기본배점 : 비주거(대형 3000이상, 소형 3000미만), 주거(주택1, 주택2)

주택2 = 주택1 + 중앙집중식 냉방

배점(b) : 1 / 0.9 / 0.8 / 0.7 / 0.6점

1 W/㎡K = 0.86 kcal/㎡h℃

외주부 : 실내측표면하단부터 **5m**이내의 실내측 바닥부위

지붕열관류율 계산시 : 천창 등 **투명외피부위는 포함하지 않음**

평균열관류율 계산시 간접외기 : **벽바닥지붕 0.7K, 창문 0.8K적용**

보일러효율 : 기름B 진발열량(저위발열량)에 의한 효율, 가스B 총발열량(고위발열량) : **기름진가스총**

토출량 0.2㎥/min 이하펌프는 효율계산에서 제외

실내조명에 군별 or 회로별 자동제어설비 : 전체조명전력의 40%이상 적용

전기항목은 대부분 적용여부만 규정

신재생E 난방설비용량 : 2% (의무화대상은 4%)

냉방설비용량 : 2% (의무화대상은 4%)

급탕설비용량 : 10% (의무화대상은 15%)

전체전기용량 : 2% (의무화대상은 4%)

E성능지표 주요 기본배점(a)

외벽의 평균열관류율 **21 34 31 28**

note

완화기준

	E효율인증 1등급	E효율인증 2등급
녹색건축인증 최우수	6이상 12이하	4이상 8이하
녹색건축인증 우수	4이상 8이하	2이상 4이하

신재생E이용건축물 인증 등급

1등급 3%이하 2등급 2%이하 3등급 1%이하

Zero E 빌딩시범사업지정 + 효율등급 1++ 이상 : 15% 이하가능

조경면적 = 기준 x (1 - 완화율)

건축물E소비총량제 :

3000㎡ 이상시 1차E소요량 평가후 "**건축물 E소요량평가서**" 제출

제출예외 : E효율등급 예비인증취득시 예비인증서로 대체

E요구량, E소요량, 1차E소요량(kWh/㎡년)

1차E 환산계수 : 연료1.1 / 전력 2.75 / 지역난방 0.728 / 지역냉방 0.937

복합건축물 E절약계획서 및 설계검토서 작성

비주거+주거 時 해당용도별 작성 제출

여러 棟 : 동별로(공동주택은 1개 단지로 작성)

기숙사, 오피스텔 : 단열기준은 공동주택외 단열기준준수, 기본배점은 비주거적용

note

건축물 E효율등급

국토부장관 + 산업지원부장관 공동

건축물 E효율등급 인증에 관한 규칙 (규칙)

대상건축물 : **단독, 공동, 기숙, 업무, 냉or난500이상(3호~28호:14제외)**

인증기준 / 절차 : 냉/난/급/조/환 + 1차E소요량, 1+++~7, 10개등급

인증유효기간(10년) / 인증수수료 / 인증기관 및 운영기관

건축물 E효율등급 인증기준 (고시) 인증신청,인증기준,재평가요청,사후관리,수수료,인증위

인증등급별 1차E계산공식, 단위면적당 1차E소요량 표

건축물 2개종별 전용면적군별 인증수수료 표

건축물 E효율등급 인증제도 운영규정

E공단이 위 규칙과 기준을 운영하는데 필요한 사항을 규정

별표 주요市別기상Data

건축물용도Profile(운전시간,설정요구량,발열원,실내온도,월간사용일수,용도별가중치)

	운영기관	인증기관
지정	국토부장관 녹색건축센터 중 지정 국토연,건기연,감정원,E공단,시설공단 지정시 산업장관협의, 인증운영위 심의	국토부장관 신청후 인증운영위 심의 3개월전 공고 상근전문인력 5명 인증기관지정유효기간 5년
업무	E평가전문가 양성, 관리, 교육, 감독 인증관리시스템운영(**설치제외**) 인증제도 홍보,교육,컨설팅,조사,RND 인증기관 평가, 사후관리	인증평가보고서 작성 인증등급결정 준공3년후건축물 : E효율개선방안 제공 인증서발급후 운영기관장에게 인증결과제출
	년1회 표본검사(인증물량 5%내외 표본, 오류발견시 익년 +5%표본) 상관성검사 : 5%표본중 대표표본을 공단에서 1개이상 재평가 : 허용오차 10% 누적경고3회시 지정취소 or 업무정지 건의 to 2장관	

note

인증운영위

운영기관 : 지정 ****운영기관의 지정취소는 업무외**

인증기관 : 지정, 기간연장, 지정취소, 업무정지

인증평가기준의 제정, 개정

구성 : 20명, 임기2년, 위원장은 2년 교대로 2장관이 소속고위공무원중 지명
위원은 2장관이 동수로추천 : 공무원, 7년부교수or책임연구원, 10년기업부서장

운영 : 가부동수는 부결

인증기관 신청서류 전담조직, 업무수행체계 설명서
전문인력 보유 증명서류
인증업무처리규정
연구실적 등

전문인력 5명 : 3년(에평사, 건축사, 기술사, 박사), 9년(석사), 10년(기사), 12년(학사)

변경시 **30일이내** 운영기관장에게 제출 : 기관명, 소재지, 전문인력

인증기관취소

취소 : 거짓, 부정 지정

정지 : 1년이내 : 2년휴무, 기준절차위반, 인증심사거부

인증신청

신청시기 : 사용승인 or 사용검사 後(제도적, 재정적 지원 or 의무적 인증시 前가능)

신청자격 : 건축주 or 소유자 or 사업주체, 시공자(주 자의 동의전제)

제출방법 : 인증관리시스템으로 인증신청서 제출

제출첨부 : 원본서류 + CD
원본은 20일내 제출
수수료 20일내 납부

최종설계도면 / **건물전개도**
건축물 부위별 **성능내역서**
계산서 : **장비용량, 조명밀도**
예비인증시 : 설변확인서 및 설명서 / 예비인증서사본

원본, 수수료 20일내 x → 반려해야함

note

처리기간 : 50일(주택은 40일), 인증기관장은 20일 1회 연장가능
접수후 20일이내 보완요청 가능(보완기간은 처리기간에서 제외)
심사 : 서류심사 + 현장심사
재평가 요청 가능 : 비용은 50%, **재평가시 기존인증은 취소**
수수료 : 단독/공동주택(85㎡미만~12만㎡이상, 13단계, 50만원~1320만원)
그외(1000㎡미만~6만㎡이상, 10단계, 190만원~1980만원)
운영기관장은 수수료8%내에서 운영기관에 지원(상하반기 연2회)

예비인증신청

시기 : 건축허가, 사업승인 後
단, 제도적 재정적 지원時 건축허가, 사업승인 前 가능
제출첨부 : 본인증과 동일, 단 최종설계도면 대신 "**건축, 기계, 전기 도면**"
유효기간 : ~ 사용승인일 or 사용검사일
심사 : 현장실사는 필요한 경우에만 실시

인증서 구성

건축물개요 : 건축물명, 준공연도, 주소, 층수, 연면적, 주용도, 설계자, 시공자, 감리자
인증개요 : 인증번호, 평가자, 인증기관, 운영기관, 유효기간, 인증등급
등급평가결과 : E요구량, 1차E소요량(kWh/㎡년) CO2 배출량(kg/㎡년)
E용도별평가결과 : E요구량, E소요량, 1차E소요량(kWh/㎡년) CO2 배출량(kg/㎡년)
냉방/난방/급탕/조명/환기=합계 구분(E요구량은 환기제외)
E요구량 : 표준설정조건을 유지하기 위한 **필요E량**
E소요량 : E요구량을 만족시키기 위해 설비기기에 **사용되는 E량**
냉방설비 설치유무 표기

인증 사후관리 : 인증기관장이 2장관 승인후 E사용량 조사

note

1차 E소요량의 계산

ISO 13790에 따라 난냉급조환에 대해 종합적으로 평가하도록 제작된 **Program**으로 산출

1차E 환산계수 : 연료1.1 / 전력 2.75 / 지역난방 0.728 / 지역냉방 0.937

전력생산 및 연료운송 등에서 손실되는 손실분 고려

등급별 1차E소요량

주거 : 1+++ 60미만 > 3*30증 > 3*40증 > 3*50증 (7등급:420미만)

주거외 : 1+++ 80미만 > 5*60증 > 2*70증 > 2*90증(7등급:700미만)

대상건축물 : **단독, 공동, 기숙, 업무, 냉or난500이상(3호~28호:14제외)**

공공기관 의무규정

E절약계획서 제출대상中 3000㎡ 이상時 : 1등급 이상취득

공동주택은 2등급이상 취득

건축물E소요량평가

3000㎡ 이상시 1차E소요량 평가후 "**건축물 E소요량평가서**" 제출

제출예외 : E효율등급 예비인증취득시 예비인증서로 대체

1차E 소요량 대상 : 난방, 냉방, 급탕, 조명, 환기

건축물E소비총량제 :

3000㎡ 이상시 1차E소요량 평가후 "**건축물 E소요량평가서**" 제출

제출예외 : E효율등급 예비인증취득시 예비인증서로 대체

E요구량, E소요량, 1차E소요량(kWh/㎡년)

1차E 환산계수 : 연료1.1 / 전력 2.75 / 지역난방 0.728 / 지역냉방 0.937

note

도서분석능력

E절약계획서

기본서류 : 공문 / 사업계획 or 건축허가 신청서 / E절약계획서(5면) / E절약계획 설계검토서(1면)

계산서류 : 설비계산서(설계조건, 부위별K계산서, 평균K계산서, 냉난방부하계산서), 설비시방서,
전기계산서(전압강하계산서, 적용비율계산서), 설치예정확인서

도면 : 건축(개요, 부위별단열상세, 단면상세, 평면, 주단면, 창일람표)
기계(장비일람표, 자동제어계통도, 난방배관평면도, 일반상세도)
전기(단선결선도, MCC결선도, 조명기구상세도, 전등설비평면도, 옥외등, 승강기, 분전반상세, 각종제어계통도)
신재생(장비일람표, 적용비율계산서)

E절약계획서 : 녹색법규칙 별지1호서식

I. 건축주 및 설계자

II. 건축부문 : 건축면적, 층수, 단열구조(외벽, 지붕, 바닥, 창문, 외벽K)

III. 기계설비부문 : 난방기기, 냉방기기, 펌프, 송풍기

IV. 전기설비부문 : 변전설비, 동력설비, 승강설비, E미터링S, 조명설비, 전력감시제어설비, 대기전력저감우수제품

V. 신재생 : 태양열급탕/냉난방설비, 태양광발전설비, 풍력설비, 지열이용히트펌프설비

E절약계획 설계검토서 : E절약설계기준 별지1호서식

항목 / 채택여부 / 근거 / 확인(허가권자)

1. E절약설계기준 **의무사항** : 건축 / 기계설비 / 전기설비 부문
2. **E성능지표** : 건축 / 기계설비 / 전기설비 / 신재생
3. 건축물 **E소요량평가서**(3000 이상 업무시설만)

note

방습층인정구조

0.1mm PE Film 투습방수시트 금속재

현장발포단열재

플라스틱계 단열재 or 내수합판 + 이음새 투습방지처리

콘크리트벽, 타일마감, 몰탈+조적벽

배관보온재 두께

일반 : 관경 15~80 : 30t / 관경 100 이상 : 50t

다습 : 관경 15~25 : 30t / 관경 32~300 : 50t / 관경 350 이상 : 60t

전기권장 : 역률자동콘덴서를 집합설치할 경우 역률자동조절장치를 채택

역률자동조절장치 : APFR, APFCR

지상 or 진상전류를 조정함으로써 역률을 일정하게 유지

note

녹색건축물 조성지원법

제1장 총칙
제2장 녹색건축물 **기본계획**
제3장 건축물E 및 **온실가스** 관리대책
제4장 녹색건축물 **등급제시행**
제5장 녹색건축물 조성의 실현 및 지원
제6장 Green Remodelling 활성화
제7장 건축물E평가사 제8장 보칙 , 제9장 벌칙 / 부칙

목적
녹색건축물조성에 필요한 사항을 정하고,
건축물온실G배출량감축과 녹색건축물확대를 통해
저탄소녹색성장실현+국민복리향상기여

저탄소 녹색성장 기본법
녹색건축물 : E이용효율 및 신재생E 사용비율 높고, 온실Gas배출을 최소화하는 건축물
정부의무 : 일정기준이상 건축물의 중장기 및 기간별 목표설정 E사용량, G배출량 관리
정부권한 : 신축, 개축시 지능형계량기 부착, 관리 가능

녹색건축물 조성원칙
G배출량 감축 / 환경친화+지속가능 / 신재생E, 자원절약 / 기존建 E효율화 / 계층, 지역 균형

온실가스 : CO2(77%), 메탄, 아산화질소, 수소불화탄소, 과불화수소, 6불화황

note

	기본계획	**조성계획**
수립권자	국토부장관	시도지사
수립주기	5년	5년 타당성 매년 검토후 결과반영
순서	장관기본안 > 건축위심의 > 시도지사협의 > 녹색성장위의견 >고시+시도통보 > 열람	장관+구청장협의 > 시도작성 > 녹성위,건축위심의 > 시도확정공고 > 공보 > 구청장통보 > 열람
내용	현황,전망	현황,전망(지역)
	달성목표설정, 추진방향	**조성기본방향, 달성목표**
	정보체계 구축, 운영	
	연구개발	
	인력 육성, 지원, 관리	재원조달, 비용집행,관리,운용
	조성사업지원, 시범사업	조성 및 지원
	자재, 시공 정책방향	**자재, 시공에 관한 사항**
	건축설비효율화 / 건설단계별 E절감대책	
	설계,시공,감리,유지업체 육성정책	

변경 경미변경시 절차생략 : 목표량 3%이내상향, 비용10%이내증감, 착오 누락 정정

장관 : 기본계획수립 or 조성계획보고받으면 녹성위 및 국가정책위 보고해야

note

E 및 G 관리대책

건축물 E G 정보체계구축	장관	E공급기관 or 관리기관 E,G정보 장관 제출 **체계운영위탁처 : 국토연, 감정원, E공단**
지역별 건축물 E총량관리	시도지사	기본,조성계획범위내 소비총량 설정관리 가능 30일열람 > 의회의견(60일이내) > 녹성위심의 > 확정
☞건축법적용열외와동일		예외 : 문화재,선로부지시설,톨게이트₩,컨테이너간이창고 장관과 협약체결가능 → 행정,재정 지원가능
개별건축물 E소비총량제한	장관	**신축, 기존** 제한가능 : 건축허가신청시 근거제출 **적용대상, 기준**은 **중앙건축위** 심의후 고시
중앙행정長,지자체長,공공기관長,국립병원,교육기관長 신축 or 관리건물: **개별총량기준 가능**		
기존건축물 E성능개선	녹색건 전환시 기준적합의무 관리자 上同 / 대상 : 준공후 15년+E성능진단결과 필요시	
공공건축물 E소비량공개	공공건축물 E소비량 분기별 보고 to 국토부장관 E효율↓: 개선요구가능	

E절약계획서제출

건축물E소비총량제 :

3000㎡ 이상시 1차E소요량 평가후 "**건축물 E소요량평가서**" 제출

제출예외 : E효율등급 예비인증취득시 예비인증서로 대체

E요구량, E소요량, 1차E소요량(kWh/㎡년)

1차E 환산계수 : 연료1.1 / 전력 2.75 / 지역난방 0.728 / 지역냉방 0.937

note

녹색건축물 등급제

완화기준

	E효율인증 1등급	E효율인증 2등급
녹색건축인증 최우수	6이상 12이하	4이상 8이하
녹색건축인증 우수	4이상 8이하	2이상 4이하

신재생E이용건축물 인증 등급

1등급 3%이하　　2등급 2%이하　　3등급 1%이하

Zero E 빌딩시범사업지정 + 효율등급 1++ 이상 : 15% 이하가능

조경면적 = 기준 x (1 - 완화율)

완화대상 : 설계~유지관리 기준부합 / 녹색, E등급인증 / 시범사업대상 / 골조시 재활용자재 15%

녹색건축 인증제

인증대상　공공 + **3000**m2 + 신축,증축 : 공공업무시설은 우수(그린2등급) 의무

인증등급　1등급(최우수) > 2등급(우수) > 3등급(우량) > 4등급(일반)

인증기간 : **5**년

건축물 E소비증명

법규 : 건축물E소비증명에관한기준

대상 : 건축물E 온실G정보체계구축지역 + **500세대** 아파트 및 **3000m2** 업무시설

지역 : 2014~ 수도권, 2016~ 전국

중개업자 중개시 "**건축물 E평가서**" 확인토록 안내 가능 : 녹색법 별지3호서식

E효율등급 표시 : **E소요량**(w/1차, 난급냉조환 5개), 온G배출량 표시

→ 건축물E효율등급인증결과를 기재

E사용량등급 표시 : **E사용량**(w/1차, G,지역,전기), 온G배출량 표시

발급수수료 : 무료

유효기간 : E평가서 --발급일자 기준 연말까지

E효율등급인증 -- 10년

note

건축물E평가서 : 녹색법 : E**소**요량(w/1차) + E**사**용량(w/1차)
건축물E효율등급인증서 : 인증규칙 : E**요**구량 + E**소**요량(w/1차) + CO_2배출량

녹색건축물 조성 실현 및 지원

녹색교육기관 녹색건축센터 : E공단, 감정원, 국토연, 시설공단, 건기연
지원센터와 사업센터로 구분지정
건축사협회
국토부장관 지정 / 6월이상 양성교육x 기타 : **지정취소**
E관련전문기관 : E공단, 시설공단
E, G 정보체계운영위탁 : E공단, 감정원, 국토연

녹색건축물 조성**시범**사업 **재정지원** : 보조금, 조세감면
공공기관시행 or
기존주택을 녹색으로 전환 or
기존주택외 녹색위해 리모델링, 증축, 개축, 대수선 및 수선 or
공공관리 + 15년 + E진단결과 필요시

국토부장관의 청문의무
인증기관지정취소 / 인증취소 / 녹색건축센터지정취소 / **녹색교육기관지정취소**

E절약설계기준 : 별도 시트참조

note

에너지이용합리화법

제1장 총칙
제2장 E이용합리화를 위한 계획 및 조치 등
제3장 E이용합리화 시책
제4장 열사용기자재의 관리
제5장 시공업자단체
제6장 E관리공단
제7장 보칙 , 제8장 벌칙

목적
E수급안정 / E합리,효율이용증진 / 환경피해줄이기 → 지구온난화 최소화

열사용기자재
보일러 / 태양열집열기 / 압력용기 / 요로
예외 : 발전소전용, 철도차량용, 선박용, 고압가스법 의료기기법 전기용품법 등 산하 검사시

E이용합리화계획

	기본계획	**실시계획**
수립권자	산자부장관	행정기관장, 시도지사
수립주기	5년	매년 : 계획수립(1월말) 및 시행결과(2월말)제출
순서	**행정기관장 협의** 및 국가E절약추진위 심의	
내용	E절약형 경제구조로의 전환 E효율증대 E이용합리화 기술개발 E이용합리화 홍보, 교육 E원간 대체 **열사용기자재 안전관리** **가격예시제** 온실가스배출줄이기 대책	

note

국가E절약추진위

기본계획 심의
실시계획 종합조정, 추진현황 점검평가
공공의 E이용효율화 조치
위원장 : 산자부장관, 25명, 임기3년
위원 : 차관9명, 국무2차장, **E공급자 3인방**(한전 가스공 지역난방공 사장)

수급안정조치 조치 7일전 예고
주요 E사용자, E공급자에게 E저장시설보유 및 E저장 의무 부과
부과대상 : 전기사업자, 도시G사업자, 석탄가공업자, 집단E사업자, **2만TOE/년** 사용자
부과내용 : 저장시설 종류+규모 / 저장E 종류+량

수요관리투자계획
대상 : 3대 E공급자(한전, 가스공, 지역난방공)
수립 : 연차별수립 시행 -- 계획, 결과 장관에게 제출
내용 : 장단기 E수요전망 / E절약잠재량 추정 / 수요관리목표 및 달성방법
수요관리투자사업비 일부를 수요관리전문기관(E공단)에 출연

E사용계획 협의
대상사업 : 일정이상의 도시개발사업자 or 산업단지개발사업자
대상시설 : **2500 TOE/년 or 1000만kW** 이상 사용시설 설치예정자(공공) (민간은 2배기준)
시점 : 실시계획인가신청전, 실시계획승인신청전
처리 : 공공 - 협의 및 조정보완**요청** / 민간 - 의견청취 및 조정보완**권고**

note

E이용합리화시책(▶표시분) : E사용기자재 및 E관련기자재 시책

▶ **효율관리기자재의 시방기준 고시**

E목표**소비효율** or 목표**사용량**

E최저소비효율 or 최대사용량

E소비효율 or 사용량

E소비효율**등급**기준 및 등급표시

E소비효율 or 사용량의 **측정**방법

▶ **효율관리기자재 지정**

냉장고 / 냉방기 / 세탁기 / 조명기기 / 3상유도전동기 / 자동차

보급량이 많고, 상당E를 소비하는 기자재中 E이용합리화에 필요한 E사용기자재

▶ **효율관리시험기관**

E사용량측정기관 : 산자부장관 지정　　　　산자부장관 승인시 자체측정 가능

▶ 사후관리 : 기준미달시 판매금지

▶ 평균E소비효율제도 : 자동차관련

▶ 평균효율관리기자재 : 평균이하로 개선이 특히 필요한 기자재

▶ 대기전력저감 대상제품지정 : 19개 + 4개　　　　산업부장관에게 측정결과 신고

▶ 대기전력경고 표지제품지정 : 19개

▶ 대기전력저감 우수제품 표시

▶ **고효율E기자재인증** : 건축기자재, 자동차부품 지정시 국토부장관 협의후 공동고시

대상 : **Pump, Boiler, UPS, LED, 폐열회수환기장치 등 45개**

E이용의 효율성이 높아 보급을 촉진할 필요가 있는 E사용기자재

note

E이용합리화시책(▷표시분) : 산업 및 건물관련 시책

▷ E절약전문기업 지원 : 3년실적x 취소

▷ 자발적 협약체결기업 지원

▷ 온실G배출실적 등록관리 / 배출감축 교육훈련 인력양성

▷ **E다소비사업자**신고 : 2000TOE/년 - E사용량, 제품생산량(작년,금년), 사용기자재, 합리화계획 및 실적

▷ **E진단** : 20만TOE이상 전체**5년**, 부분3년 / 20만미만 5년마다

예외 : 발전소, 아파트, 오피스텔, 창고, 지식산업센터, 군사시설, 폐기물처리시설

기간연장 or 면제 : 친E형설비 -- E소비1등급, 대기전력우수, 고효율E기자재, 신재생E설비

▷ **목표E원단위설정**

제품단위당 or 단위면적당 E 사용목표량 지정고시

▷ 붙박이 E사용기자재 효율관리 : 효율, 사용량, 등급, 대기전력 등 기준 고시

▷ 폐열이용

▷ **냉난방온도제한 건물지정 : 냉방 26℃, 난방 20℃**

공공기관 **업무**용건물 / 의료기관은 제한온도 미적용 가능

E다소비사업자의 시설중 **2000TOE/년** 이상

열사용기자재 관리

특정열사용기자재 설치, 시공, 세관업자 : 시도지사 등록

특정열사용기자재 : 보일러, 태양열집열기, 압력용기, 요업요로, 금속요로

검사대상기기 설치자가 조종자 선임

검사불합격품 사용자 : 1년이하 or 1천만원이하

note

한국E공단

사업 E이용합리화사업 및 G배출줄이기 사업

E기술 개발 도입 지도 보급 E 자금융자 및 지원

E진단 및 E관리지도 신재생E 개발사업촉진

E관리 조사 연구 교육 홍보 집단E사업촉진 지원 및 관리

E이용합리화사업용 토지 건물 시설의 취득, 설치, 운영, 대여, 양도

E사용기자재, E관련기자재 효율관리 / 열사용기자재 안전관리

수탁업무 E사용계획검토

이행여부점검 및 실태파악

측정결과 신고 접수 효율관리기자재

대기전력 : 경고표지대상, 저감대상

E다소비사업자

고효율E기자재 인증신청접수 및 인증 / 인증취소 및 인증사용정지명령

온실가스 감축실적 등록 및 관리

진단기관관리

E관리지도

냉난방온도유지 실태점검

검사대상기기조종자 선임 해임 퇴직신고 접수, 선임기한 연기승인

note

에너지법

E이용합리화법 : E수급안정 / E 합리 효율 이용증진 / 지구온난화
E법 : 효율+친환경적 **E수급구조**실현

에너지 : 연료, 열, 전기
연료 : 석유, 가스, 석탄, 그외 열발생 열원　　제품원료사용분은 제외

E계획

	E기본계획	**지역E계획**
수립권자		시도지사
수립주기		5년마다 5년이상을 계획기간으로
내용		E 수급추이 전망 E 안정공급대책 환경친화적 E 사용대책 온실가스감소대책 집단E공급대책 미활용E원 개발 사용대책

비상시 E수급계획
산자부장관 수립　국내외 E 수급 추이, 전망
비상시　E절감대책
비축E활용대책
E할당 배급 등 수급조정대책
국제협력대책
행정계획

note

에너지위원회

위원장 : 산자부장관

위원 : 25명 : 당연직 차관5명 + 위촉위원(임기2년, 시민단체추천 5명)

심의내용 E기본계획 수립 변경 사전심의

비상계획 / E개발 / E정책, E사업조정 / 갈등예방해소 / 예산효율사용 / 원자력발전정책

에너지기술개발계획

수립권자 : 정부

수립기간 : 5년마다, 10년 이상을 계획기간으로

에너지기술평가원 재단법인

목적 : 에너지기술개발사업의 기획 평가 관리 등 효율적 지원

에너지총조사 : 3년마다 실시

에너지열량 환산기준

석유, 가스, 석탄, 전기 에너지원별 총발열량, 순발열량 기준제시

열량단위 : MJ, kcal, 석유환산톤

총발열량 : 연소중 발생 수증기잠열 포함 발열량

순발열량 : 연소중 발생 수증기잠열 제외 발열량

석유환산톤 TOE : 원유1톤의 열량 = 10 7승 kcal

단위환산

1 Wh = 860 cal   1 kWh = 860 kcal

1 cal = 4.19 J   1 kacl = 4.19 KJ

일 1 J : 1N의 힘으로 1m 움직이는 일 = 1 Nm

1 Wh = 1W x 3600sec = 1 J/s x 3600sec = 3600 J = 3.6 KJ

일률 단위시간에 하는 일의 양

1 W = 1 J/s

note

에너지정책

1차에너지 : 자연으로부터 얻을 수 있는 에너지 -- 석유, 석탄, 원자력, 수력, 태양열
2차에너지 : 1차에너지 전환, 가공 : 전력, 도시가스, 석유제품

2035년까지 신재생에너지 공급률 11%
건축물 소비에너지 22.3%, 그중 주택 54%

친환경주택	E절약설계기준	공동주택성능등급	E효율등급인증	녹색건축인증
친환경주택의 건설기준및성능	건축물의 E절약설계기준			
의무	의무	의무	자발	자발(공공은 의무)
20세대↑공동주택	500㎡이상	500세대↑공동주택		
E절감 10%, 15%	E성능지표 65점	점수별 4등급	10개등급	4개등급

note

고효율E기자재 보급촉진에 관한 규정

고효율기자재

고효율E인증대상 기자재

E이용의 효율성이 높아 보급을 촉진할 필요가 있는 E사용기자재

종류 및 적용범위

1. 조도자동조절 조명기구 : 교류250V↓, 정격전류 16A↓

2. 열회수형 환기장치 : 600V↓, 3000N㎥/h

3 산업, 건물용 Gas Boiler

4. Pump : Φ200mm↓, 15㎥/분↓

5. 원심식, 스크류 냉동기

6. 무정전전원장치 : 온라인 방식

7. 메탈할라이드 램프용 안정기
8. 나트륨램프용 안정기

9. 인버터 : 220kW↓
10. 난방용 자동온도 조절기
11. LED 교통신호등

12. 복합기능형 수배전시스템
13. 직화흡수식 냉온수기
14. 단상유도전동기

15. 환풍기 : D ≤ 500mm, 300W↓
16. 원심식송풍기
17. 수중폭기기
18. 메탈할라이드램프
19. 고휘도방전(HID) 램프용 고조도 반사갓

20. 기름연소 온수Boiler
21. 산업 건물용 기름Boiler
22. 축열식 Burner
23. Turbo Blower
24. LED유도등

25. 항온항습기 : 6~35 kW
26. 컨버터 외장형 LED 램프
27. 컨버터 내장형 LED 램프
28. 매입형 및 고정형 LED 등기구

29. LED 보안등기구
30. LED 센서등기구
31. LED 고둘전원공급용 컨버터
32. PLS 등기구

note

33. 고기밀성단열문 : K ≤ 1.8W/㎡K, 통기량 2등급이하

34. 초정압 방전램프용 등기구
35. LED 가로등기구
36. LED 투광등기구
37. LED 터널등기구
38. 직관형 LED 램프(컨버터 외장형)

39. Gas Heat Pump : 23 kW ↑
40. 전력저장장치 ESS : 2시간 이상
41. 최대수요전력제어장치 : 35W 이하

42. 문자간판용 LED 모듈
43. 냉방용 창유리필름
44. 가스진공온수 Boiler
45. 형광램프대체형 LED 램프(컨버터 내장형)

고효율E인증대상 기자재별 고효율시험기관 지정

인증기준 : 제품심사기준, 공장심사기준
제정 및 개정시 성능기준을 시기별로 예고 가능

공장심사기준
일반관리 / 원자재관리 / 품질유지능력 / 제조능력 / 제품서비스관리의 **적정성**

LED 등 표시내용 : 정격광속, 소비전력, 광효율, 연색성, 색온도

인증신청 고효율시험기관 측정 후 E공단이사장에게 인증신청
측정결과 : 신청일 90일이전 발행만 유효

인증심사 E공단이사장이 공장심사
유사품목 인증공장 or 관련 KS인증보유공장 : 서류확인으로 대체

인증유효기간 : **3년**, 연장은 3년단위로 가능(안전직접영향제품 연장시 시험확인서 제출)

note

효율관리기자재 운용규정

목적 : 효율관리기자재 지정 / 사후관리 / 시험기관지정취소 / 보고, 검사 / 권한위임, 위탁 / 청문

효율관리기자재
보급량이 많고, 상당E를 소비하는 기자재中 E이용합리화에 필요한 E사용기자재

소비효율 : E소비효율 or E사용량
최저소비효율기준 : **최저소비효율** / **최대소비전력량** / **최대소비전력** / **최대대기전력** / 최대K
★ **최악의 상태를 기준으로 제시**

최저소비효율달성률 = 측정소비효율 / 최저소비효율기준
소비효율등급 : 1등급~5등급
고효율변압기 : 표준소비효율을 만족하는 변압기

Energy Frontier 기준 : E소비효율 1등급기준보다 **30%**이상 더 높은 기준
목표소비효율 or 목표사용량 기준 : **3년주기 상향조정**

효율관리시험기관
국립 시험,연구기관 / 특정연구기관 / 산자부장관인정기관
자체승인기관 승인후 인정
전기냉장고는 수출국소재시험기관 측정인정

note

건축법

목적 : 대지 구조 설비기준 용도 정하기 → 건축물 안전 기능 환경 미관 향상
안기환미 → **미안 기환**

용도별 건축물종류

단독주택 단독주택
다중주택 : 330㎡이하 + 3층이하
다가구주택 : 660㎡이하 + 3층이하 + 19세대이하
공관

공동주택 아파트 : 5층이상
연립주택 : 660㎡초과 + 4층이하
다세대주택 : 660㎡이하 + 4층이하
기숙사

제1종근린생활시설
제2종근린생활시설

지하층 : 1/2이상 묻힌 층
거실 : 화장실 제외(E절약설계기준으로는 화장실, 현관은 거실)
주요구조부 : 내력벽, 기둥, 바닥, 보, 지붕틀, 주계단

건축 : 신축, 증축, 개축, 재축(천재지변멸실시), 이전
대수선 : 기둥, 보, 내력벽, 주계단(수평부재 바닥, 지붕틀제외) 수선, 변경
리모델링 : 대수선 or 일부증축

건축법 적용열외 : 문화재, 철로부지내 시설(운전보안, 보행, 플랫폼), 고속도로통행료징수시설,
컨테이너이용 간이창고

리모델링 특례 : 높이제한 20/100 범위내 완화

note

건축위원회

	중앙건축위원회	지방건축위원회
설치주체	국토부장관	시도지사, 시장, 군수, 구청장
역할	법 조례 제정 개정 시행 **건축분쟁조정 및 재정** 표준설계도서인정	좌동 건축민원 **건축선 지정** 다중이용시설물, 특수구조건축물 구조안전
심의사항	건축, 대수선	좌동
구성	70명, 2년, 1회연임 설치주체가 임명	25~100명, 3년, 1회연임 공무원은 전체의 1/4이하 좌동
심의일정		심의신청접수일로부터 30일이내 안건상정

사전결정신청 : 결정통지후 2년이내 건축허가신청해야

건축사 외 설계가능 범위 : 85㎡미만 증개재축 / 200㎡미만+3층미만 대수선 / **100㎡이하 소규모건축**

→ 신고대상 건축물

건축허가

건축허가 : 건축 or 대수선

특별시장, 광역시장 건축허가사항 : 21층이상 or 10만㎡ 이상

사전승인후 건축허가신청 대상

21층이상 or 10만㎡이상

환경수질개선 지역 3층+1000㎡ : 공동주택, 2종근린, 업무, 숙박, 위락

주변환경보호 : 위락, 숙박

건축허가취소 : 허가후 1년이내 공사착수x

허가거부 : 위락, 숙박--주거교육환경 부적합 / 상습침수지역 지하에 거실

건축허가제한 : 주민의견청취후 건축위원회 심의, 제한2년+1년연장

note

용도변경 허가대상 : 상위군으로 변경
신고대상 : 하위군으로 변경

자동차
산업
전기통신
문화집회
영업
교육복지
근린
주거
동식물 **동주 근교 영문 전산차**

사용승인신청시 일괄신고사항
높이 위치 1m 이내 / 대수선 / 동수층수x 변경45㎡ 이하

허용오차 건폐율 : 0.5%(건축면적 5㎡이내)
용적율 : 1%(연면적 30㎡이내)
3% : 건축선 후퇴거리 / 인접건물거리 / 인접대지경계선거리 / 두께
2% : 높이 / 출구너비 / 반자높이 / 평면길이

정기점검
의무자 : 소유주 or 관리자
주기 : 준공 10년후부터 2년마다
대상 : 다중이용건축물 / 집합건축물 3000㎡이상(주택법 아파트제외)

수시점검 : 조례에 따라 수시로 점검
정기, 수시점검자 : 건축사사무소 / 감리전문회사 / 안전진단전문기관

건축지도원

note

건축설비의 설치 및 구조에 관한 기준

건축설비설치관련 기술기준 : 국토부장관이 산자부장관과 협의하여 국토부령으로

방송공동수신설비 의무대상

공동주택

5000㎡ + 업무, 숙박

전기배전용 전기설비설치공간 확보대상 : 500㎡이상

온돌 및 난방설비

개별난방설비 Boiler 위치 : 거실外, 거실과의 경계벽은 내화구조

환기 : **0.5㎡ 환기창**, 上下 D10cm 공기흡입구 및 배가구(항상 열려)

기름저장소는 Boiler실 외

온돌설치기준

온수온돌 단열재는 방열관과 바탕층 사이(심야전기이용온돌은 열외)

층간단열재 **Ri ≥ 0.6 Rt** (최하층바닥은 0.7)

SOG 하부 및 주변벽면 : 10cm H 방수처리 + 단열재 상부 방습처리

구들온돌 환기용 구멍 : 바닥면적 1/10

공기흡입구 : D10~20cm

고래바닥구배 : 1 : 5

굴뚝 단면적 : 150 cm2이상

0.9m 이내

배연창

2.1m 이상

배연설비

대상 : 6층이상 건축물의 거실에 설치 -- 피난층 예외

배연창 : 방화구획마다. 창상부~천정 -- 0.9m이내

배연창유효면적 : 1㎡이상, 구획면적의 1/100 이상

구획면적시 Af 20%이상 환기창 설치거실면적 제외

배연구 : 자동개방 + 수동개방 / 예비전원으로 개방가능토록

외기 미접시 배연기 추가

note

배관설비

Conc에 묻으면 부식방지조치

승강로 내부에 타용도 배관설비 금지

폭발위험방지시설 : 압력탱크, 급탕설비에

차수설비

대상 : **1만㎡** 이상건축물 -- 지하층 및 1층 출입구에 **차수판** 설치

음용수배관설비

타용도배관과 직접연결 금지

급수관 지름 : 가구수 or 바닥면적 합계에 따라 : 1세대 15mm ~ 17세대이상 50mm

가압설비로 0.7kg/cm 시 예외

냉방설비

중앙냉방시 축냉식 or 가스 이용 의무대상

500 이상 : 목욕장, 물놀이시설, 수영장

2000 이상 : 숙박, 의료

3000 이상 : 판매, 업무, 연구소

10000 이상 : 문화집회, 종교, 교육연구, 장례식장

배기구는 도로면 2m이상 높이에 설치

환기설비기준(공동주택, 다중이용시설)

0.5회/시간 기준 의무대상

100세대 공동주택 / 주택외 공존시 주택 100 이상

시설 : 자연환기설비, 기계환기설비

자연환기설비 설치길이

L = (V N / Qref) x F V 실체적(㎥)

$$\frac{\text{실체적(㎥)} \times \text{필요환기횟수(0.7회/h)}}{\text{자연환기설비의 환기량(㎥/hm)}} \times \text{세대 및 室 특성별 가중치}$$

다중이용시설 기계환기설비 용량기준 (㎥/人h, 일정면적이상만 대상)

36 ㎥/人h : 지하도상가, 의료, 교육연구, 노유자, 장례식장

29 ㎥/人h : 업무, 문화집회, 판매, 운수

note

승강기

대상 : 6층 + 2000㎡ 이상

설치대수 : 3000 이하 기본 2대 or 1대

집회 관람 판매 의료 : 2대 + 2000㎡**(6층이상)** 마다 1대 추가

전시 동식물원 업무 숙박 위탁 : 1대 + 2000㎡(6층이상) 마다 1대추가

아파트 교육연구 노유자 기타 : 1대 + **3000㎡(6층이상) 마다** 1대추가

16인승이상은 2대로 계상

비상용승강기

대상 : 31m 초과 건축물

N = 1 + (A-1500)/3000 A : 높이31m 초과층의 바닥면적

비상용승강기 예외

31m초과 초과층을 거실외로 사용

초과층면적이 500 이하

초과층이 4개층 이하, 200마다 방화구획시

비상용승강기 구조

승강장 6㎡/대

채광창 or 예비전원 조명설비

피난층 있는 승강장출입구 ~ 도로or공지 : 30m 이하

피뢰시설

대상 : 낙뢰우려건축물, 높이 20m이상 건축물

돌침 : 25cm 이상돌출

수뢰부, 인하도선, 접지극 : 50㎟이상

측면낙뢰 : 60m 초과시 -- 4/5H~최상단 → 측면수뢰부 설치

note

지능형건축물 인증

조경면적 85/100까지 완화 적용, 용적률 및 높이 115/100 까지 완화적용

관계전문기술자 협력대상

건축구조기술사

6층↑ / S 30m↑ / 다중이용건축물 / C 3m↑ / 지진구역I + 중요도 특&1

기전 관련기술사

10000 ㎡ 이상 or E대량소비건축물

아파트, 연립주택

500 이상 : 냉동냉장시설, 항온항습시설, 특수청정시설, 목욕장, 수영장

2000 이상 : 기숙사, 의료, 유스호스텔, 숙박

3000 이상 : 판매, 연구소, 업무

10000 이상 : 문화집회, 종교, 교육연구, 장례

토목기술사, 지질 지반기술사

-10m 굴착 / +5m 옹벽

구조안전확인 대상 건축물 : 3층이상 / S 10m이상 / 높이 13m이상 / 처마 9m이상 / 1000㎡이상

구조기술사 계산대상 건축물 : 6층이상 / S 30m이상 / 다중이용건축물

지진구역 I, II / 중요도 특, 1, 2, 3

note